新型职业农民培育规范教材

美丽乡村建设

杨巧利　马艳红　贾天惠　主编

中国农业科学技术出版社

图书在版编目（CIP）数据

美丽乡村建设 / 杨巧利，马艳红，贾天惠主编 .—北京：中国农业科学技术出版社，2018.8（2024.12重印）

ISBN 978-7-5116-3801-4

Ⅰ.①美…　Ⅱ.①杨…②马…③贾…　Ⅲ.①农村-社会主义建设-研究-中国　Ⅳ.①F320.3

中国版本图书馆 CIP 数据核字（2018）第 169154 号

责任编辑　白姗姗

责任校对　李向荣

出 版 者　中国农业科学技术出版社

北京市中关村南大街 12 号　邮编：100081

电　　话　(010)82106638(编辑室)　(010)82109702(发行部)

(010)82109709(读者服务部)

传　　真　(010)82106650

网　　址　http://www.castp.cn

经 销 者　各地新华书店

印 刷 者　北京中科印刷有限公司

开　　本　850mm×1 168mm　1/32

印　　张　6.375

字　　数　165 千字

版　　次　2018 年 8 月第 1 版　2024 年 12 月第 9 次印刷

定　　价　32.80 元

《美丽乡村建设》
编 委 会

前　言

党的十九大提出，将美丽乡村建设作为实施乡村振兴战略的重要抓手，把加快推进农业现代化作为推进美丽乡村建设的总目标，按照产业兴旺、生态宜居、乡风文明、治理有效，生活富裕的总体要求，着力打造美丽乡村升级版，推动美丽乡村从一处美迈向一片美，从一时美迈向持久美，从外在美迈向内在美，在环境美的同时发展也要美，不断谱写美丽中国的新篇章，开创农业农村发展新局面。

本书共5章，包括美丽乡村的概述；发展农业清洁生产；改善农村人居环境，彰显环境之美；建设美好乡村，打造生态文明家园；注重乡村文明传承等内容。

由于编者水平所限，加之时间仓促，书中不尽如人意之处在所难免，恳切希望广大读者和同行不吝指正。

编　者

2018年7月

目　　录

第一章　美丽乡村的概述

第一节　美丽乡村的含义

山清水秀但贫穷落后不是美丽乡村，强大富裕而环境污染同样不是美丽乡村。那美丽乡村究竟应该是什么样子?

乡村是与城市相区别的另一种人居环境。近年来，在城市化快速发展的同时，人们也注意到并要求乡村发展能紧追城市的发展脚步，减小城乡之间的差距。然而，美丽乡村的发展不能再延续城市的高消耗、高污染，美丽乡村要实现经济、社会、生态效益的最优发展，建设一种布局精美、生活和美、环境优美、生态优良、社会和谐的美丽乡村。

一、科学规划是基础

规划的节约是最大的节约，规划的浪费是最大的浪费。中国农村房屋建筑都主要是自发建造，布局缺乏统一规划，出现闲置地皮、废弃住宅等浪费大量土地资源。又由于审美观念的落后，这些建筑大多外形风格不一，外部装饰和环境格格不入。美丽乡村建设应进行统一规划设计，解决好乡村的“脏、乱、差”现象。但美丽乡村的规划不能照搬一个模式，不能没有自己的特色和个性，不能搞千村一面。地理风貌具有多样性，自然禀赋也具有多元性，因此美丽乡村同样也应是多种多样的、千姿百态的。美丽乡村要像乡村，不能建设成城市，要保留乡村的原汁原味。

二、百姓富是内在要求

以往大部分乡村在追求经济发展过程中都以牺牲环境为代价，而美丽乡村要求坚持生态与经济协调发展的理念，把生态富民理念贯穿到美丽乡村建设全过程。走一条生活富裕、生态良好的发展道路。良好的生态环境本身就是一种生产力，建设生态环境就是发展生产力。如“一年一场风，从春刮到冬；白天点油灯，黑夜土堵门；风起黄沙飞，十年九不收……”是地处毛乌素沙漠天然风口地带的山西右玉县昔日的真实写照，那时森林覆盖率只有 0.3%，生态环境极度恶化。然而，历经右玉 18 任县委、县政府的努力，坚持植树造林，用心血和汗水绿化了沙丘和荒山，不仅有效地改善了生态环境，而且为右玉经济社会长远发展打下坚实基础，走出了一条在干旱贫瘠、高寒冷凉地区生态与经济相协调、人与自然相和谐的绿色可持续发展之路，而且赢得“塞上绿洲”的称号。

三、和谐人居环境

乡村许多工厂的排污，农药、化肥的大量使用均对空气、河流、土壤造成严重污染，出现了一些癌症村。有些城市不要的残次品及过期食品因价格低而流入乡村，大量催熟的农产品而不经过检查就上市，都让人们无法安心饮食。另外，乡村地区的地震、洪涝、干旱等自然灾害都带来了大量的经济损失，以及人们的心理创伤。乡村地区的社会治安主要是靠传统的道德来维持，而随着城市化进程的加快，原本维系乡村治安的道德体系逐渐瓦解，急需新的秩序以建立和谐的乡村人居环境。

四、优美的生态环境

以前，乡村的大部分垃圾都可以通过各种方式自然降解，现在出现大量的垃圾无法降解的情况。乡村没有像城市一样的卫生服务系统，一般都是村民自己动手打扫，打扫的垃圾有时就堆放在废弃的宅基地上，臭气熏天，蚊蝇滋生，一刮风，各色的塑料满天飞。这样的乡村何来美丽？美丽乡村需要良好的生态，人们占用了乡村的大量空间，许多环境随之改变，生物的种类不断减少，一种物种的灭绝带来更多物种的灭绝，自然界的平衡被打破，会带来更多的灾难，所以要保护乡村的原生态。

五、浓郁的乡村文化

乡村之美在于优美的自然风光和田园野外，也在于独具特色的民俗事项和风土人情。美丽乡村建设需因地制宜，培育地域特色和个性之美。当城市越来越国际化，也就越来越相似，而未来中华多元文化体系的保留将可能出现在农村。乡村文化的发展要注意结合乡村特色的生态资源和人文资源，例如，乡土人情、文化古迹等，让乡村文脉资源融入美丽乡村建设，展现独特的美丽。

六、美丽乡村的特征

美丽乡村需要形神皆美。美丽乡村注重的不仅是乡村的外在美，还有乡村的内在美。乡村的外在美主要表现在形状、色彩、声响、线条、质料、流动等方面，一般人都可以通过视觉、听觉、嗅觉、味觉和触觉而感知；内在美是一种内在的精神，乡村的内在美通常需要我们通过经验和科学知识去探知和感悟。

（一）形式美

形式美是美的表观形态，也是美丽乡村的一个基本要素。乡村的外在美通过村落、农田、森林、水域等向人们展示，人们通过视觉、听觉可以感受。“明月别枝惊鹊，清风半夜鸣蝉。稻花香里说丰年，听取蛙声一片。”这样描写乡村景色的诗句会给没有去过乡村的人们带来无限的憧憬与向往。美丽乡村不应只追求自然风光美，因为乡村是人类生活的地方，乡村建设有了人的参与，就能使乡村更加美丽。如宏村、西递村、诸葛八卦村等向人们展示了村落与自然风景的“天人合一”，充分利用了自然环境的优势，把村落和自然环境融为一体，形成一幅优美的画卷。

（二）内在美

美丽乡村没有健康的生态关系，即使表面形式上是美的，也不属于美。在美丽乡村建设中，许多政绩工程，只重视表面文章，追求速成，没有质量安全保障，时间一长，许多弊端就会暴露无遗。如为了增加景观美学效果，有些地方又急于求成，在恢复之初，就超前配置结构完备的植物群落，企图“一步到位”，刚开始景观效果可能很美，但违背了生物群落自然演替的客观规律，结果也不会成功。因此，我们追求的不是暂时的美，而是可持续的动态美。美丽乡村建设还要注重功能的完善、优化、健康、安全、低碳与环境友好等。

第二节　美丽乡村建设目标

一、生态文明建设目标

建设生态文明关系人民福祉，关乎民族未来。党对生态文明建设作出了战略部署，要求把生态文明建设放在突出地位，融入经济建设、政治建设、文化建设、社会建设各方面和全过程，努力建设美丽中国。要求紧紧围绕建设美丽中国深化生态文明体制改革，加快建立生态文明制度，健全国土空间开发、资源节约利用、生态环境保护的体制机制，推动形成人与自然和谐发展的现代化建设新格局。国家生态文明先行示范区提出的总体目标要求：把生态文明建设放在突出的战略地位，按照

"五位一体"总布局要求，推动生态文明建设与经济、政治、文化、社会建设紧密结合、高度融合，以推动绿色、循环、低碳发展为基本途径，以体制机制创新激发内生动力，以培育弘扬生态文化提供有力支撑，结合自身定位推进新型工业化、新型城镇化和农业现代化，调整优化空间布局，全面促进资源节约，加大自然生态系统和环境保护力度，加快建立系统完整的生态文明制度体系，形成节约资源和保护环境的空间格局、产业结构、生产方式、生活方式，提高发展的质量和效益，促进生态文明建设水平明显提升。通过5年左右的努力，先行示范地区基本形成符合主体功能定位的开发格局，资源循环利用体系初步建立，节能减排和碳强度指标下降幅度超过上级政府下达的约束性指标，资源产出率、单位建设用地生产总值、万元工业增加值用水量、农业灌溉水有效利用系数、城镇（乡）生活污水处理率、生活垃圾无害化处理率等处于全国或本省（市）前列，城镇供水水源地全面达标，森林、草原、湖泊、湿地等面积逐步增加、质量逐步提高，水土流失和沙化、荒漠化、石漠化土地面积明显减少，耕地质量稳步提高，物种得到有效保护，覆盖全社会的生态文化体系基本建立，绿色生活方式普遍推行，最严格的耕地保护制度、水资源管理制度、环境保护制度得到有效落实，生态文明制度建设取得重大突破，形成可复制、可推广的生态文明建设典型模式。

二、美丽乡村建设目标

原农业部颁布了《农业部"美丽乡村"创建目标体系》。具体来说，目标体系从产业发展、生活舒适、民生和谐、文化传承、支撑保障五个方面设定了20项具体目标，将原则性要求与约束性指标结合起来。如产业形态方面，主导产业明晰，产业集中度高，每个乡村有一到两个主导产业；当地农民（不含外出务工人员）从主导产业中获得的收入占总收入的

80%以上。生产方式方面，稳步推进农业技术集成化、劳动过程机械化、生产经营信息化，实现农业基础设施配套完善，标准化生产技术普及率达到90%；土地等自然资源适度规模经营稳步推进；适宜机械化操作的地区，机械化综合作业率达到90%以上。资源利用方面，资源利用集约高效，农业废弃物循环利用，土地产出率、农业水资源利用率、农药化肥利用率和农膜回收率高于本县域平均水平；秸秆综合利用率达到95%以上，农业投入品包装回收率达到95%以上，人畜粪便处理利用率达到95%以上，病死畜禽无害化处理率达到100%。

第三节　国外美丽乡村发展计划的建设内容

随着农业集约化带来的环境影响及城市化的负面环境效应加重，人类对食品安全、生态环境安全需求和乡村价值认识的提高，欧盟、美国、日本和韩国等国家先后制定了新型乡村发展计划，其中，欧盟的农业/农村发展计划最具代表性，反映了未来农村的发展方向和建设内容。欧盟共同农业政策从1962 年实施至今，经历了从农业生产支持到乡村生态环境修复和保护的发展历程，近些年又越来越重视和加强农业/农村发展的多功能性、农业生态环境保护、乡村景观特征提升、绿色基础设施建设等。

欧盟 2014—2020 年乡村发展计划确定了 6 个优先发展领域。一是在农业、林业和乡村地区促进知识技术转移和创新，促进农业和林业领域的终生学习和职业教育；二是改善农场的济表现，以提高市场参与性和导向性以及农业多样性为目的进行农场调整和现代化建设，鼓励有能力和技术的农民进入农业领域；三是促进农产品生产链组织，包括农业产品的加工和销售、动物福利、农业风险管理；四是恢复、保育和强化与农业和林业相关的生态系统，改善水土资源管理；五是提高资源使用效率，支持农业、食品和林业部门向低碳经济和适应气候变化的方向转变；六是促进多样化的小型企业创新和发展，创造就业机会，以促进乡村的地区发展，促进乡村地区信息和通信技术的普及。

第四节　中国美丽乡村发展的现状和存在的问题

中央农村工作会议多次指出，中国农业农村发展正在进入新的阶段，呈现出农业综合生产成本上升、农产品供求结构性矛盾突出、农村社会结构加速转型、城乡发展加快融合的态势。人多地少水缺的矛盾加剧，农产品需求总量刚性增长、消费结构快速升级，农业对外依存度明显提高，保障国家粮食安全和重要农产品有效供给任务艰巨；农村劳动力大量流动，农户兼业化、村庄空心化、乡村人居环境质量较差，劳动力老龄化趋势明显，农民利益诉求多元化，加强和创美丽乡村社会管理势在必行；农业环境污染严重，农业资源保护亟待加强；国民经济与农村发展的关联度显著增强，农业资源要素流失加快，建立城乡要素平等交换机制的要求更为迫切，缩小城乡区域发展差距和居民收入分配差距任重道远。

第二章　发展农业清洁生产

第一节　生活垃圾到处堆弃

一、白色垃圾

白色垃圾是塑料制品的代称，因为难以回收、分解，对大气、土壤、人体都有很大的危害。农村的白色垃圾问题也非常突出。

什么是白色垃圾呢？这是一种形象的说法，它是指用聚苯乙烯、聚丙烯、聚氯乙烯等高分子化合物制成的各类生活、生产塑料制品，使用后被弃置成为固体废物，由于随意乱丢乱扔，难于降解处理，以致造成环境严重污染。以前的白色垃圾主要集中在城市，特别是城市生活中的物品包装、一次性碗筷等。随着城市垃圾运往农村，以及农村自身在生活、生产中产生的白色垃圾越来越多，现在的农村也受困于白色垃圾。

白色垃圾具体有哪些危害呢？

1. 不易回收、难以降解

现在的白色垃圾由于量大面散，因而难以很好地回收。城市里有垃圾桶还好一点，农村基本就是随地一扔，或者与其他垃圾混合抛弃。就是回收后，也不易处理。现阶段主要的处理方法有两种：焚烧或填埋。如果焚烧，则会产生大量的有毒烟雾，污染大气，还会促使酸雨的形成；如果填埋，100 年后也无法被自然吸收。

2. 对土地有极大的危害

会改变土壤的酸碱度，影响农作物吸收养料和水分，导致农业减产。那些抛弃在水里或陆地上的塑料制品，严重影响环境，破坏了生态平衡。

3. 对人体健康有害

白色垃圾本身没有毒害，但在高温下会分解出有毒物质，加上现在回收再利用的设备不够完善，工艺简陋，导致再生产的塑料制品在温度达到 65℃时，毒害物质就会析出并且渗入到食品中，进而对肝脏、肾脏、生殖系统及中枢神经等人体重要部位造成伤害。

二、塑料购物袋的危害

塑料购物袋是人类最糟糕的发明。塑料袋难以降解，污染了大量土壤及水资源。中国 2008 年 6 月 1 日开始实行塑料购物袋有偿使用制度。爱护环境，应尽量使用环保购物袋，不使用塑料袋。

塑料袋是在 1902 年 10 月 24 日由奥地利科学家马克斯·舒施尼发明的。这种包装物既轻便又结实，深受顾客和商家的喜爱。因此商店、菜场纷纷提供免费塑料袋，但这项发明在 100 年后却给我们带来了严重的环境问题。

以前农民朋友去购物时，往往喜欢提着布袋、篮子，有些喜欢用绳子捆扎物品。买了东西一捆或往袋子、篮子里一放，很省事。不方便的是，如果购物地较远，例如到镇上、城里去，提着一个篮子还真费心，有些人还会觉得老土。20 世纪 80 年代，广东零售业最先开始向顾客附赠塑料购物袋，此后迅速普及大江南北。当年的媒体曾热情讴歌这一“便民举措”，认为这开启了消费史上的新篇章。30 年来，随着城乡交流增多、工业化的发展，农村人也爱上了塑料购物袋，而商家、店铺往往也备有塑料袋。塑料购物袋不占地儿又耐用，既经济又方便。

但塑料购物袋是典型的白色垃圾，自然腐烂需要 200 年以上。埋掉占用土地，影响农作物吸收养分和水分，还会污染地下水。烧掉会产生有害气体，损害人体健康。英国《卫报》曾把塑料袋评为“人类最糟糕的发明”。中国零售行业每年消耗的塑料袋约为 500 亿个，仅广州一地，每天产生的塑料袋垃圾就近 2 000万个。如果再加上农用地膜、企业用塑料垃圾等，中国的白色垃圾数量相当惊人。

明知污染环境，为什么大家还爱使用呢？这有很多原因。人们购物图方便，不用再拎着大包小包去购物，而商家通过免费送袋的方式吸引了客流。加上长期形成的习惯，突然改变并不容易。还有一些人认为，环境不是我一个人的事，我用不用、多用还是少用，与环境关系不大。客观来说，一个人这样做对环境确实没有什么影响，但是一群人、大部分人都这样想、这样做，就会形成一个巨大的合力，这个合力就足以对环境造成很大破坏。

现在很多国家都在大力减少塑料购物袋的使用，例如欧洲许多大型超市为每个一次性塑料袋向顾客收取 0. 3 欧元（1 欧元≈7. 94 人民币。下同）的费用，其中 0. 1 欧元为成本费，0. 2 欧元为环保税。美国、韩国、澳大利亚、巴西等国也对塑料购物袋进行收费，收取的费用则用于环保。有些国家开始尝试禁用塑料购物袋。中国也于 2008 年 6 月 1 日开始在全国范围内禁止生产、销售、使用厚度小于 0. 025 毫米的塑料购物袋，并规定商品零售场所必须有偿使用塑料购物袋。

塑料购物袋对我们家园的破坏难以想象，现在很多农村村头被白色垃圾包围，它们污染了土壤，污染了水井，污染了空气，这些垃圾堆还是老鼠、苍蝇、蚊子等疾病传播源的栖息地。

环境保护不是一个人两个人的事情，而是大家的事、国家的事、后代的事，需要全社会一起行动共同参与。我们只有一个地球，从可持续发展的角度来说，限塑令将是一项造福后代子孙的措施。希望不久的将来，塑料袋会从我们的生活中消失。

三、废电池对环境的危害

废电池中的有害物质会破坏环境，影响人体健康。用过的电池需要回收、分类保管，更不能将外面的铁皮剥开。

农村生活中电池的使用量比较大，据统计，中国每年大约消费电池50亿节。电池使用过后，一般人随地一扔。殊不知，废电池对环境有很大的破坏。

那么电池中有哪些环境污染物呢？因为农村中主要使用干电池，我们就以干电池为例来讲。

干电池中的环境污染物主要是汞及其化合物。汞及其化合物特别是有机汞化合物具有很强的生物毒性。电池报废后如果处理不当，随意抛在土壤或水里，汞就会慢慢从电池中溢出，进入土壤或在下雨之后进入地下水，再通过农作物进入食物链。在微生物的作用下，无机汞可以转变成甲基汞，聚积在鱼类等的身体里，人食用了甲基汞就会进入人的大脑细胞，使人的神经系统受到严重破坏。人们食用了被汞污染的水，会发生汞中毒，慢性汞中毒的主要症状为易兴奋、震颤、口腔炎，轻度中毒有神经衰弱综合征、植物神经功能紊乱，急躁、易怒、好哭等，重度中毒时发生明显的性格改变、情感障碍和智力减退等。

近些年来，随着媒体的报道和一些环保运动的开展，废电池对环境的影响越来越引起人们的重视。

很多年前，在日本九州南部的一个沿海小镇——水俣镇，当地居民中出现了一种奇怪的病。患者开始口齿不清，步态不稳，四肢麻痹，最后全身痉挛，精神失常，在痛苦的折磨中死去。染上这种疾患的人越来越多，甚至连猫和海鸟都出现了同样的症状。科学家们立刻调查，研究表明，是食用了小河里的鱼虾导致这类疾患的发生，罪魁祸首便是废旧电池。原来当地的日本氨肥工业公司常年向水俣湾排放含汞废水，使海水受到了汞的污染，当地捕捞的海产品中含有高浓度的甲基汞。

为了恢复水俣湾的生态环境，日本政府花了14年的时间，投入了485亿日元，把水俣湾的含汞底泥深挖4米，全部清除。而重建这个城市花了50年时间。

回收、保管废电池的具体做法如下。

（1）用完后不要随意扔掉，要收集起来统一放进专门的垃圾箱里。

（2）电池分类，就是将不同电池——如普通电池、纽扣电池等分类放置。

（3）方便的地方放置废电池回收箱。

（4）集中保管，等待国内废电池回收技术的应用和相关政策出台。

四、农村的生活垃圾的危害

（一）污染土壤，降低土壤肥力

垃圾中的有害物质会破坏土壤的生态平衡、降低土壤肥力、影响作物生长。例如很难分解的“白色污染物”如塑料袋、地膜等会破坏土壤结构，影响其透气、透水性，严重危害农作物的生长。据研究，如果土壤中残留废膜达到37～45千克/公顷时，小麦和蔬菜将分别减产7%～10%。

（二）占用土地，破坏自然生态

目前农村垃圾主要采取填埋、自然堆放等处理方法，天长日久侵占了很多土地，不仅影响农业生产，还不卫生，破坏了乡村优美景观。

（三）污染水体，污染大气

垃圾的直接倾倒和垃圾渗水会导致水体污染。农村以前有很多池塘养鱼，现在大多变成了污水塘。农村垃圾堆放的有机物发酵产生的废气、臭气以及颗粒，每时每刻都在污染周围的大气环境。

（四）危害人身健康

垃圾中所含的有毒物质和病原体，通过各种渠道传播疾病，危害健康。例如，垃圾污染土壤和地下水，使蔬菜、农作物富含有毒有害物质，最后被人体吸收；垃圾露天堆放造成蚊绳滋生、老鼠猖狂。农村儿童自我保护意识差，有些还会在垃圾中翻拣食物、玩具，或者拿旧药瓶装水和食物，甚至把注射器当玩具。这些都极易导致疾病，并发生交叉感染，危及人们的健康。

由上可知，农村生活垃圾造成的污染，不仅影响农村经济可持续发展，影响新农村建设的顺利进行，而且严重威胁居民的生命健康。

五、农村生活垃圾的分类

农村生活垃圾进行分类，不但有助于环保，同时也具有经济价值。目前农村生活垃圾分类首要任务是提高农民朋友的环境意识，而后才能逐步实现垃圾资源化、无害化。

目前城市的生活垃圾正在试用分类处理的办法，这在农村中是否可行呢？以北京农郊为例，其生活垃圾具体分类法如下。

（1）厨余垃圾，包括剩菜、剩饭，菜帮、菜叶子等。

（2）灰土垃圾，包括炉灰、扫地土、拆房土等。

（3）可再生垃圾，包括废旧金属、塑料、纸类、织物、橡胶、玻璃等。

(4) 生物质垃圾，包括坚果皮屑、废旧木屑、树枝、树杈等。

(5) 有害垃圾，包括废旧灯管、灯泡、电池、农药瓶、油漆桶以及卫生网点的医疗垃圾等。

每个农户家里或庭院安放3个垃圾桶：铁桶装灰土垃圾；两个钢化塑料桶，一个装湿的厨余垃圾，一个装干的可再生垃圾，如塑料袋等。三个编织袋：一个装废旧电池等有害垃圾，一个装坚果皮核等生物质垃圾，一个与可再生垃圾桶配套使用，因为这部分垃圾需要积攒到一定数量才能回收。

农户在家将产生的垃圾分好类，村里出保洁员定时、定点流动收集。厨余垃圾用于堆肥或生产沼气，灰土垃圾用来填坑造地。仅这两项，就占了垃圾总量的80%以上。另外的可再生垃圾，政府作价回收；有害垃圾，镇里统一回收交给专业公司处理。

农村生活垃圾分类，重在意识的培养。农家院里有了分类垃圾桶，垃圾一产生，便站到了可再生资源回收利用的起点上，同时也实现了垃圾管理的减量化、资源化、无害化。

六、将农业垃圾变为生产资源

农业垃圾有很多的利用价值，目前的加工技术也很多，但因为农户多是分散经营，加上环保意识淡薄，农业垃圾真正高效利用的并不多。目前可以采用政府带动、资金投入的办法，真正将农业垃圾变为生产资源。

农业生产中会产生大量的垃圾，这些垃圾处理不当，就会给环境造成很多的污染，而如果处理得当，不但保护环境，还可以变废为宝，创造很高的经济价值。例如，收割后余下的秸秆、稻草等，含有丰富的有机营养物质，可以直接堆肥还田，对提高农田土壤质量很有好处。

正因为很多农户的惰性，目前中国的农业资源浪费和破坏现象十分严重。要想农业可持续发展、农村生态化，农业垃圾的资源化利用刻不容缓。农家沼气池建设是一法，另外也可以建设一些加工厂，专门收集农业垃圾进行深加工处理。如果资金不足，在开始阶段国家或当地政府可以扶持。

第二节　生活污水随意排放

一、生活污水的概述

农村污水一般是指农村生活污水。污水中大量的污染物质加重受纳水体的污染，造成水体水质恶化，特别是污水中含有大量氮、磷，使水体富营养化。监测数据显示，农村生活污水是造成河流富营养化的重要因素之一。导致河水富营养化的主要污染物氮磷的很大部分来源于流域内农村生活污水、农田径流和养殖污水。

二、生活污水的处理技术

由于农村发展不平衡，不同村镇差别较大，加之长期以来形成的居住方式、生活习惯等方面的差异，使得污水处理方式不能过于单一。应根据农村具体现状、特点、风俗习惯以及自然、经济与社会条件，因地制宜地采用多元化的污水处理模式。

（一）稳定塘法

稳定塘是一种经过人工修整而且设有围堤和防渗层的池塘，其主要利用水生生物系统，依靠自然生物净化功能使污水得到净化，是实施污水资源化利用的有效方法。稳定塘处理技术成为我国近年来着力推广的一项技术。

稳定塘是由若干自然或人工挖掘的池塘通过菌藻互生作用

或菌藻、水生生物的综合作用而实现污水净化的目的。为实现资源化利用，稳定塘还可种植经济植物、放养水生动物等。稳定塘系统一般不需要任何材料，动植物均为土著种类，在工程造价上甚至低于土壤渗滤处理系统，也基本不需要过多的维护管理。稳定塘系统可达到较好的出水水质，有的还具有脱氮除磷功能。可以结合地形条件等有利因素，设立污水的稳定塘生态处理方式，尤其在水资源相对丰富的地区具有较好的应用前景。稳定塘内水生植物的布置应兼顾挺水植物、漂浮植物和沉水植物间的合理搭配，以发挥其最大效能，尤其是在控制藻类的生长等方面。

稳定塘占地较多，应尽可能利用不宜耕种的土地，如废旧河道、塘坝、低洼地、沼泽和贫瘠地等；若有高差，应充分利用。为防止春、秋季翻塘时臭气的干扰，塘址应离居民区500~1 000米，并位于其主导风的下风向。当用于处理城镇污水时，应结合设计规划统一考虑污灌、污水的综合利用问题，以求经济、环境、社会效益的统一。

常用的稳定塘的类型和建造方法如下。

1. 高效藻类塘

高效藻类塘不同于传统稳定塘，主要表现在：塘的深度较浅，一般为0.3~0.6米，而传统的稳定塘根据其类型不同，塘内深度一般在0.5~2米；有一垂直于塘内廊道的连续搅拌装置；较短的停留时间，比一般的稳定塘的停留时间短7~10倍；宽度一般较窄。高效藻类塘的这些特点，使得其比传统稳定塘运行成本更低、维护管理更简单，克服传统稳定塘停留时间过长、占地面积大等缺点，在处理农村及小城镇污水方面具有广阔的应用前景。

2. 水生植物塘

利用高等水生植物提高稳定塘处理效率，控制出水藻类，除去水中的有机毒物及微量重金属。生长速度最快和改善水质效果最好的水生植物有水萌芦、水花生和宽叶香蒲。利用水花生塘去除高效藻类塘出水中藻类的试验表明，在水里停留时间为 4 天的条件下，该工艺运行稳定后对叶绿素、悬浮物、化学需氧量、总氮及总磷的去除效果较好。

3. 多级串联塘

将单塘改造成多级串联塘，可提高单位容积的处理效率。从微生物的生态结构看，由于不同的水质适合不同的微生物生长，串联稳定塘各级水质在递变过程中，产生各自相适应的优势菌种，因而更有利于发挥各种微生物的净化作用。在设计多级串联塘时，确定合适的串联级数，找到最佳的容积分配比特别重要。

4. 高级综合塘系统

高级综合塘系统由高级兼性塘、高负荷藻塘、藻沉淀塘和深度处理塘 4 种塘串联组成，每个塘都经过专门设计。高级综合塘系统与普通塘系统相比，具有水力负荷率和有机负荷率较大、水力停留时间较短、占地少、无不良气味等优点。

（二）人工湿地法

人工湿地是一种为处理污水而利用工程手段模拟自然湿地系统建造的构筑物。在构筑物的底部按一定的坡度填充选定级配的填料，如碎石、沙子、泥炭等，在填料表层土壤中种植一些对污水处理效果良好、成活率高、生长周期长、美观以及具有经济价值的水生植物，如芦苇。人工湿地出水水质好，具有较强的氮、磷处理能力，运行维护方便，管理简单，投资及运行费用低，适合于资金少、能源短缺和技术人才缺乏的乡村。

人工湿地主要通过生态处理系统内微生物和水生植物的协同作用实现污染物的去除。对于北方寒冷地区，为保证冬季人工湿地仍具有较好处理效果，通常需要更大的土地面积，因而在土地面积有限的区域，不适合采用人工湿地技术。人工湿地适宜于气候温暖、土地可利用面积广的区域，尤其适用于利用盐碱地或废弃河道进行工程设计。

人工湿地系统处理构筑物由各种天然生态系统或经简单修建而成，没有复杂的机械设备，其最大的优势就在于简单性，适合不同的处理规模，基建费用低廉，易于运行维护与管理。尽管人工湿地具有较多优点，但也存在不足。首先，人工湿地的占地面积远比传统处理工艺高得多；其次，季节因素的变化，如温度、降水量等也限制湿地的发展。

水体、基质、微生物和水生植物是构成人工湿地污水处理系统的 4 个基本要素。人工湿地系统净化污水是基质、微生物和水生植物相互关联以及过滤、植物吸收和微生物分解等机制协调作用的结果。

人工湿地中，基质除为植物和微生物提供生长载体外，还通过沉淀、过滤和吸附等作用直接去除污染物。自由表面流湿地多以自然土壤为基质，水平潜流和垂直流湿地基质的选择因特征污染物的不同而不同，同时也会考虑方便取材、经济适用等因素。一般说来，处理以总悬浮物、COD 和 BOD 为特征污染物的污水时，可根据停留时间、占地面积和出水水质等情况，选用细沙、粗沙、砾石、灰渣中的一种或两种作为基质。而处理以磷作为特征污染物的污水时，人工湿地最好选择飞灰或页岩，或选择含铁离子、钙离子和铝离子较多的矿石。人工湿地的填料应尽量就地取材，保证填料充足、价廉易得。最常使用的填料是沙子和碎石，此外还有沸石、土壤、鹅卵石、煤渣、粉煤灰等。

湿地中水生植物通常指大型挺水植物，其在人工湿地中主要起固定床体表面、提供良好过滤条件、防止湿地被淤泥堵塞、为微生物提供良好根区环境以及冬季运行支持冰面的作用。更重要的是，挺水植物可以通过其生命活动改变根系周围的微环境，从而影响污染物的转化过程和去除速率，提高系统对氮、磷等污染物的去除。

在植物配置中，可根据水从深到浅，依次种植挺水植物、浮叶植物和沉水植物，如香蒲与睡莲搭配种植，岸边缘带一般选用姿态优美的耐水湿植物，如柳树、水杉、水松、木芙蓉、迎春等，以低矮的灌木和高大的乔木相搭配。

人工湿地按污水在其中的流动方式可分为两种类型。

（1）水面式人工湿地。废水在湿地的土壤表层流动，水深较浅（一般在 0.1~0.6 米）。

（2）潜流型人工湿地。污水在湿地床的表面下流动，保温性能好，处理效果受气候影响较小，且卫生条件较好，是目前应用较多的一种湿地处理系统。

（三）土壤渗滤法

土壤渗滤系统中，污水土地处理技术对 BOD、COD、氨氮、总氮和总磷有着较高的去除率，并且投资少，运行费用低，管理简单，维护方便，有净化污水、美化绿化环境和节约水资源的综合效果。该系统对土质的要求较高，一般以土质通透性能强、活性高、水力负荷大、处理效率好为原则，也可以用沙、草炭及耕作土人工配置成滤料，制成人工滤床。

基本构造为：用塑料薄膜在地下的冻土层以下向上方围成一个池子（生物滤池），薄膜上方敷设由干管、支管、生态碎石、专用尼龙网组成的集水系统。其上方是由好氧生物菌种、通气性材料、改良土壤组成的好氧滤层。滤层上方为由专用塑料薄膜围成的，由生态沙、厌氧生物菌种组成的厌氧滤层。厌氧滤层之上为由干管、支管、生态碎石、专用尼龙网组成的配水系统。

其上方是通气性土壤，土壤表面可种植草坪、蔬菜、花卉、树丛等植物，也可做停车场用。每天处理 1 立方米生活污水需要 8 平方米面积的土地，水力停留时间为 5~6 天。北方地区装置配水管最小埋设深度为当地冰冻深度以下。

第三节　畜禽粪便污染突出

我国畜禽粪便产生量为20多亿吨。畜禽粪便中含有的氮、磷量分别为1 597万吨和363万吨，相当于我国同期化肥使用量的78.9%和57.4%。

一、没有经过腐熟的粪便不能直接使用

有一个莲藕种植户在自己的莲藕田里施用了几车新鲜的猪粪，结果导致荷叶出现了萎蔫的情况。这是为什么呢？因为这些猪粪没有经过腐熟。那么，为什么不可以将未经腐熟的粪便直接应用呢？

假如把还没腐熟的粪便施入到农田土壤中，影响非常不好，可能出现下面几种情况。

（1）没有腐熟的粪便进入农田土壤后会遇到水，两者相遇会产生高温，出现烧根烧苗的情况，不利于农作物的生长，严重的甚至会导致农作物死亡。

（2）粪便里含有很多线虫、大肠杆菌等害虫和病菌，如果直接施用，会导致病虫害的传播，甚至会对食用农产品的人造成影响。

（3）没有经过腐熟的粪便一旦施入到农田里，由于和水发酵使得土壤中的氧气和土壤氮素流失，导致土壤缺氧缺氮，会影响农作物的生长，严重的话，会使农作物死亡。

（4）粪便在农田里发酵会散发大量的臭味，引来蝇蛆，破坏农作物的生长环境。在粪便分解的过程中，还会产生大量的甲烷和氨气等有害物质，影响植物的根的生长。另外，有机物在分解的过程中会消耗一些氧气，导致植物的根系得不到足够的氧气。

(5) 粪便中的尿酸含量很高，不利于种苗的生长。

(6) 肥效缓慢。由于未经腐熟的有机肥料中的养分大都是缓效态或者有机态，无法被植物直接吸收利用，肥效会很慢。

因此，给农作物施肥时一定要选择已经腐熟的有机肥料，这样才利于农作物生长。

二、畜禽规模养殖污染防治条例

中国首部农业农村环保行政法规《畜禽规模养殖污染防治条例》2014 年 1 月 1 日开始实施。

第十一条　禁止在下列区域内建设畜禽养殖场、养殖小区：

(一) 饮用水水源保护区，风景名胜区；

(二) 自然保护区的核心区和缓冲区；

(三) 城镇居民区、文化教育科学研究区等人口集中区域；

(四) 法律、法规规定的其他禁止养殖区。

第十六条　国家鼓励和支持采取种植和养殖相结合的方式消纳利用畜禽养殖废弃物，促进畜禽粪便、污水等废弃物就地就近利用。

第二十一条　染疫畜禽以及染疫畜禽排泄物、染疫畜禽产品、病死或者死因不明的畜禽尸体等病害畜禽养殖废弃物，应当按照有关法律、法规和国务院农牧主管部门的规定，进行深埋、化制、焚烧等无害化处理，不得随意处置。

第二十八条　建设和改造畜禽养殖污染防治设施，可以按照国家规定申请包括污染治理贷款贴息补助在内的环境保护等相关资金支持。

第四节 化肥农药过量施用

化肥施用量逐年增加，每年化肥用量达到 4 400多万吨，但实际利用率不到 40%，在集约化高的蔬菜、花卉种植区利用率不足 10%，造成地表水富营养化和地下水硝酸盐污染加重。

全国每年农药用量 130 多万吨，利用率仅为 30%。

一、化肥对生态环保的危害是什么

农业生产中需要施肥，目前由于有机肥不足，主要依靠化肥。化肥种类繁多，不过以氮肥、磷肥、钾肥为主，此外则是一些复合肥料及混合肥料、微量元素肥料和某些中量元素肥料等。化肥的使用，有力地推动了农作物的增产，现在全国每年粮食总产量超过 5 亿吨，化肥功不可没。

不过，虽然化肥对农业的贡献很大，却也不是多多益善。一旦使用过量，反而会造成粮食减产及农作物质量下降，同时还会对环境造成严重污染。这些很多农民朋友可能没想到。

化肥应该使用多少才叫不过量呢？这里有一个国际标准 225 千克/公顷，换句话说，每公顷 225 千克化肥就是安全上限。那么我国的情况又是如何呢？农业部曾做过调查，我国的耕地只占世界的 7%，但是化肥使用量却超过了世界总量的 40%，年化肥施用量达 4 100多万吨。平均到每公顷，化肥量达 400 千克以上，平均过量 30%，远远超过了国际上限。说是一个化肥消费大国一点不假！

化肥过量对农作物的负面影响非常大，最直接的影响就是农作物茎秆过长倒伏、病虫害增加。这些农民朋友可能都懂。至于化肥过量会导致农产品中硝酸盐含量严重超标，影响人体健康，这些很多朋友就不太清楚了。更严重的是，化肥对环境的污染非常大，并且还是多方面的。

农田施用的任何种类和形态的化肥，都不可能全部被植物吸收利用。化肥利用率，氮大致为30%～60%、磷大致为2%～25%、钾大致为30%～60%。其余或者是进入大气，造成空气污染；或者是沉留在土壤中，造成土壤污染，有些会随下渗的土壤水转移到地下，进而造成水体污染。土壤受到污染，物理性质就会恶化，进而使食品、饲料和饮用水中的有毒成分增加。过去几年，国家地质调查局做了一些调查，结果显示，我国地下水硝酸盐含量超过饮用水标准4倍以上，主要就是农村化肥污染所致。

虽然化肥污染很严重，但是目前我国的农业生产还离不开化肥，甚至以后在相当长一段时期内还需要以化肥为主。怎么办呢？为了我们的生态家园，只能科学、合理地使用化肥了。下面有一些具体的方法及建议供朋友们参考。

（1）不要长期过量使用同一种肥料，需要掌握好施肥的时间、次数和用量，采用分层施肥、深施肥等方法，减少化肥散失，提高肥料的利用率。

（2）制定有关法律法规，对无公害农产品施肥技术进行规范，使农产品在生产过程中肥料的使用有章可循、有法可依，有效控制化肥对土壤、水源和农产品产生的污染。

（3）进行测土配方施肥，增加磷肥、钾肥和微肥的用量，降低农作物中硝酸盐的含量，提高农作物品质。

（4）化肥与有机肥配合使用，增强土壤保肥能力和化肥利用率，减少水分和养分流失，使土质疏松，防止土壤板结。

二、除草剂有副作用吗

记得以前，农田或土壤中有了杂草，农民朋友们往往就全家出动到田中去拔草，杂草一棵棵地拔，确实费力又耗时，如果从经济方面去考虑，更是不合算。后来，人们开始使用除草剂，除草剂一洒，杂草基本是死光光，确实省心又省力。

除草剂也属于农药，国外使用除草剂始于19世纪末，据统计，1980年全世界除草剂已占农药总销售额的41%。我国大规模使用除草剂还是最近一二十年的事，不过使用量现在已经非常巨大，且使用范围很广。目前的除草剂大致可以分为3类。

（1）触杀型除草剂。这类药剂与杂草接触时，只杀死与药剂接触的部分，起到局部杀伤作用，而不会在植物体内传导，例如除草醚、百草枯等。不过因为不能杀死杂草的地下部分，因而效果较差。

（2）内吸传导型除草剂。这类药剂被杂草吸收后，能传导到植物体内，使植物死亡，例如草甘膦、扑草净等。

（3）内吸传导、触杀综合型除草剂。这种除草剂综合了前两种除草剂的特点，例如杀草胺等。

除草剂有什么危害呢？因为属于农药，肯定就会危害人体健康。曾经有一则报道说，美国科学家发现，如果孕妇的居住地25千米范围内的地表水被除草剂“阿特拉津”污染了，那么她们产下腹裂崎形儿的概率明显升高。由于阿特拉津对环境和人类健康的威胁，欧盟已经停止使用这种除草剂了。但是，由于去除杂草效果好，美国仍然在使用，中国也在大量使用。

还有研究资料表明，用除草剂饲养大鼠两年，有一半以上的大鼠会产生甲状腺肿瘤和其他肿瘤。虽然大多数除草剂对人畜的急性毒性较低，但是如果除草剂通过农作物进入人体，长期集聚，就会发生慢性中毒。

除草剂对土壤、大气、水体等也有一定的污染，这方面可以看看上节农药对环境的污染。这里介绍几种非化学的除草方式：一是黑膜除草。就是在玉米、棉花等物播种后盖上黑色地膜，待作物出苗时将有苗处薄膜剪开，并压好土，或先盖上黑膜然后打孔播种，这样可以使膜内不长草。不过地膜也会造成污染。二是电力除草。利用高压电发生的红外线等辐射高温杀灭杂草，也有用火力发生器产生的高温使杂草烫死。三是生物防治杂草。用麦秸、玉米茎叶粉碎后覆盖在不耕翻的田上，直接播种作物，这样土壤很少长杂草。

目前全世界的人口在不断增加，因而粮食压力很大，每年还有很多人因为没有食物而生病、死亡。除草剂对于提高农作物产量有很大贡献，但是对环境的污染是一个不容忽视的问题。我们一方面要研究更多非化学除草方式，同时也要研究更多无害的除草剂。

三、农药对环境有害吗

农药对生态环境的破坏非常大，且具有多面性。

先来说说对水环境的污染。农药污染水有几种途径：例如在靠近水道的地方粗心喷洒农药，或者农药进入下水道排水系统中，清洗喷洒和存储农药的设备，农药泄漏等。近年来，全国各地的饮用水中陆续检测出了农药。例如在江苏省内 13 个省辖市 25 个饮用水源和 25 个饮用水厂共检出有机污染物 504 种，其中农药达 10 种以上。北京的官厅水库近年来污染严重，其中就有有机氯农药污染，水都不能使用了。有机氯农药属于难以降解的农药，我国 1983 年就已经禁用了。虽然国家禁用，但很多地方或农户私自偷用。我国的洞庭湖总体水质良好，但局部地区湖水污染严重，其中就有很多种农药，导致这部分湖水不能饮用。农药还会污染地下水，很多地方的地下水因为有难以分解的农药而不能饮用。

再来说说农药对土壤的污染。在旱地喷洒农药，一部分农药就会直接落在土壤上；在水田中喷洒农药，水体中的一部分农药也会逐渐沉淀，并累积到土壤中。土壤污染了，土壤上所生长的作物和所结出的果实也会吸收农药，进而进入人体。比如前面说到我国 1983 年就禁用有机氯农药了，但是宁波地区

1993—1994年对土壤中含有机氯农药（六六六和滴滴涕）情况进行了调查和取样监测，取样的土壤分别包括菜地土壤、果园土壤、茶园土壤、旱粮土壤、水稻土壤等，检出率差不多是100%，也就是说六六六和滴滴涕这些农药仍然残留在土壤中。国外发明了一种新技术，用热蒸汽加热蒸馏被石油污染的土壤，来去除污染土壤的石油化学品。据说这种技术可去除99.5%的土壤和地下水污染物。但是我国的土壤基本都已经被农药污染，把全国的土壤都蒸一遍的作法不现实也不可能。

再来说说农药对大气的污染。现在农业生产中使用农药的方式比较原始，基本上是通过喷洒，即将农药对水，然后以雾状喷出。这样，很多农药就会漂浮到空气中。例如一个人在喷洒农药，相隔数百米都能闻到农药味，有的甚至远隔数千米都能闻到。每到农田洒药时节，农村的整个空气都有一股味道。有人在世界屋脊青藏高原的南迦巴瓦峰的积雪中检测出有机氯农药，远离农业活动的南北极地区以及地球最高峰——喜马拉雅山峰顶上均发生现有滴滴涕或六六六的残留，甚至连终年居住在冻冰不化的、从未接触过农药的格陵兰地区的爱斯基摩人体内，也已检测有微量的滴滴涕。这显然是农药对大气污染的结果。

实际上，我们目前对农药使用对生态环境的破坏的了解还很肤浅，很多潜在危害根本就不清楚。正因此，我们更应该关注农药对生态环境的危害，并尽量减少农药的使用。

第五节　焚烧农作物秸秆危害严重

露天焚烧农作物秸秆是农村处理秸秆的传统做法。秸秆焚烧会污染环境、浪费资源，给人们的生产、生活及生命财产带来威胁。

农业生产中农作物秸秆的处理历来是一个问题，农村传统的做法就是焚烧，焚烧后的灰烬再撒在农田或土壤中。因而每到夏收或秋收时节，田间就“狼烟”四起、烟雾弥漫。多年来，秸秆焚烧造成的火灾、交通事故层出不穷，给人们的生产、生活和生命财产带来很多威胁。有些地方政府明令禁止焚烧秸秆，但是收效甚微，因为没有部门来负责、监督、管理，最后流于一纸空文。

那么焚烧秸秆的具体危害情况如何呢？

一、浪费资源，污染环境

秸秆焚烧产生的烟雾中含有大量的一氧化碳、二氧化碳、氮氧化物、光化学氧化剂和悬浮颗粒等。这些物质被人体吸入或接触后对人体造成伤害。27.5 万吨秸秆被焚烧后，将有近 20 万吨物质散发到大气中。由于秸秆焚烧的区域、时段相对集中，因而短时期内大量烟雾散发，严重影响了空气质量，人们的呼吸道、眼科疾病发病率和复发率明显提高。

二、引发火灾，财物受损

全国年产秸秆约 3 700万吨，其中 30%以上被直接野外露天焚烧，每年损失就超过 15 亿元，是 1987 年我国大兴安岭特大火灾 5 亿元损失的 3 倍。

三、激化矛盾，生态失衡

在农村，焚烧秸秆导致火灾，进而烧毁财物，因而矛盾纠纷大幅增加。而在县城，每年的高考时间正好是麦秸焚烧时段，烟雾会影响考生的休息，致使学生、家长、学校等强烈不满。上面只是就焚烧秸秆的外在矛盾来说的。在生态环境方面，焚烧秸秆的具体危害有两个方面：一是烧死微生物。秸秆焚烧时产生的温度高达 700℃，大量有益微生物被烧死，活土变为死土。二是烧毁有机物。秸秆中含有大量的有机物，焚烧造成大量有机质和氮、磷、钾等的丢失，浪费了资源。

四、对交通安全构成威胁

露天焚烧秸秆带来的一个最突出的问题就是焚烧过程中产生滚滚浓烟，直接影响民航、铁路、高速公路的正常运营，对交通安全构成潜在威胁。机场每逢农作物收割季节都深受秸秆露天焚烧的危害，有时机场能见度低于400米，严重影响机场航班正常起飞和降落，航空公司及旅客对此反映强烈，一旦导致事故，将造成不可估量的损失和极为不良的社会影响。

秸秆是很好的农业资源，利用得好，有助于生态平衡，也有很高的经济价值；如果简单地露天焚烧，不仅是造成经济损失，还破坏环境。

第六节　农膜污染问题凸显

地膜覆盖技术为我国的农业生产做出了巨大贡献。不过，残留的地膜对土壤、农作物、环境也造成了很大的危害。正确使用地膜，采取有效措施，尽量减少地膜在农业生产中的负面影响。

1978年我国农牧渔业部从日本引进一整套的地膜覆盖技术，通过与中国传统农业耕作技术相结合进行大面积推广，1979年试制成功地面覆盖专用膜，接着又试制成功了多种新产品，如光降解膜、除草膜、有色地膜、反光膜、耐老化长寿膜、切口膜等。到1985年，中国地膜覆盖面积已经跃居世界第一位。随后的20多年来，农业生产中地膜使用进一步扩展。地膜不仅能够提高地温、保水、保土、保肥，还可以防病虫、灭草、防旱抗涝、抑盐保苗、改进近地面光热，因而对农业生产作用巨大。因为使用地膜，各种农产品共增产1亿多吨，增产值1 143.12亿元，增加纯收入达971.65亿元。可以说，地膜的使用对我国农业生产功不可没。

但是，地膜属于典型的白色垃圾，在长年的农业生产中，大量的地膜被遗弃在土壤中，给环境带来了很大的破坏，对农业生产也产生了一定的负面影响。

一、危害土壤环境

由于土壤中残膜碎片改变或切断土壤孔隙连续性，致使水移动时产生较大的阻力，移动减慢，水分渗透量因农膜残留量增加而减少，土壤含水量下降，削弱了耕地的抗旱能力。另外，残留的农膜还会影响土壤物理性状，抑制农作物生长发育。地膜材料的主要成分是高分子化合物，自然条件下，难以分解，若长期滞留地里，会影响土壤的透气性，阻碍土壤水肥的移动，影响土壤微生物活动和正常土壤结构形成，最终降低土壤肥力水平，影响农作物根系的生长发育。

二、危害农作物

由于残膜影响、破坏了土壤理化性状，造成作物根系生长发育困难，影响农作物正常吸收水分和养料。由于残留的地膜有隔离作用，因而还会影响肥效，致使农作物产量下降。据有关部门测定，如果把种子播在残膜上，烂种率增高6.92%，烂芽率增高5.17%，棉苗侧根比正常减少4.8~7.6条。有关资料表明，残留的地膜对玉米产量的影响最显著，每公顷有187.5千克残膜的土地，比无残膜的土地少产玉米909千克，减产率达8.8%。

三、危害牲畜

地面的残膜与牧草混在一起，牛羊误吃残膜后，阻隔食道，影响消化，甚至死亡。

四、影响农村环境美观

残膜废弃在田边地头，或者房前屋后，会造成“视觉污染”。

我们既要了解地膜对农业生产的重要性，同时也要认识到地膜对环境、土壤的危害，进而采用有效措施，尽量减低地膜在农业生产中的负面影响。

要防治地膜污染应遵循“以宣传教育为先导，以强化管理为核心，以回收利用为主要手段，以替代产品为补充措施”的原则，积极防治残膜污染，通过清理和回收利用来减少污染，并依靠有利于回收利用的经济政策提高回收利用率。

（一）加强宣传教育

防治地膜污染是一个系统工程，需要各部门、各行业和广大农民群众的共同努力、支持和参与。要大力开展宣传教育，提高各级领导和农民群众对地膜污染危害的长远性、严重性、恢复困难性的认识，提高回收地膜的自觉性。

（二）加快制定有关回收残膜的经济政策

要制定一些优惠政策以鼓励回收、加工、利用废旧地膜的企业的发展，要调动他们的积极性。为了不增加政府负担，同时体现“谁污染、谁治理”的原则，应要求地膜销售部门和地膜消费者自行回收利用。不能自行回收利用的企业或个人要交纳回收处理费，用于对回收利用者的补偿。

（三）建议制定残膜留量标准

要制定必要的农田残膜留量标准和残膜留量超标准收费标准，使农田地膜污染早日纳入法制管理轨道。

（四）大力推广适期揭膜技术

所谓适期揭膜技术是指把作物收获后揭膜改变为收获前揭膜，筛选作物的最佳揭膜期。具体的揭膜时间最好选定为雨后初晴或早晨土壤湿润时揭膜。

（五）加大残留地膜回收力度

除头水前揭膜措施外，还可组织人力和劳力通过手工或耙子回收残留地膜，在翻地、平整土地、播种前及收获后可采用地膜回收机回收也能得到较好的效果。如辽宁省农机化研究所研制的 ISQ-20 型地膜消除机，新疆麦盖提县研制出的环形滚动钉齿式残膜清除机，推广使用效果很好。

（六）增加地膜韧性，以利残膜回收

目前，有些地方使用的农用地膜都为超薄膜，厚度为 0.007 厘米，易破碎，难回收。应增加地膜厚度以增强地膜韧性，利于残膜回收。

第三章　改善农村人居环境　彰显环境之美

第一节　美丽乡村的规划与布局

乡村，是在特定的自然地理条件下孕育而生的，是人类在生产、生活、安居后自然形成的人类聚集之所。犹如天道之成，星罗棋布地遍布全国各地。它坐落于山水之间，平地之上，集山、水、田、宅为一体；它借用当地的丰富资源，为社会创造着丰富的各类生活产品，具有城市不能代替的自然功能和社会功能。

一、美丽乡村总体规划

美丽乡村建设，既不是“盆景复制”，也不是“穿衣戴帽”，更不是“涂脂抹粉”。美丽乡村，不仅要有形象美、形态美，更要有其内在美，使过村之人一见钟情，让常住村民日久情深，这样就需要通过内涵建设来体现乡村的这种“情”，体现内涵建设就必须用规划设计来实现、来优化。规划设计是通过乡村未来发展的目标，制定实现这些目标的途径、步骤和行动纲领，并据此对乡村建设进行调控，从而引导乡村的发展和兴旺。

（一）美丽乡村规划的原则

要建设好美丽乡村，就必须有科学的乡村规划。搞好美丽乡村规划，就要遵循三区四线的管理原则，如表3-1所示。

表 3–1　乡村规划应遵守的三区四线

序号	类别	规划管理的内容
1	禁建区	基本农田、行洪河道、水源地一级保护区、风景名胜核心区、自然保护核心区和缓冲区、森林湿地公园生态保育区和恢复重建区、地质公园核心区、道路红线、区域性市政走廊用地范围内、地质灾害易发区、文物保护单位保护范围等，禁止建设开发活动
2	限建区	风景名胜非核心区、自然保护非核心区和缓冲区、森林公园非生态保育区、湿地公园非保育区和恢复重建区，地质公园非核心区、海陆交界生态敏感区和灾害易发区、文物保护单位建设控制地带、文物地下埋藏区、机场噪声控制区、市政走廊预留和道路红线外控制区、矿产采空区外围、地质灾害低易发区、蓄滞洪区、行洪河道外围一定范围等，限制建设开发活动
3	适建区	在已经划定为建设用地的区域，合理安排生产用地、生活用地和生态用地，合理确定开发时序、开发模式和开发强度
4	绿线	划定各类绿地范围的控制线，规定保护要求和控制指标
5	蓝线	划定在规划中确定的江、河、湖、库、渠和湿地等地表水保护和控制的地域界线，规定保护要求和控制指标
6	紫线	划定国家历史文化名城内的历史文化街区和省、自治区、直辖市人民政府公布的历史文化街区的保护范围界线，以及城市历史文化街区外经县级以上人民政府公布保护的历史建筑和保护范围界线
7	黄线	划定对发展全局有影响、必须控制的基建设施用地的控制界线，规定保护要求和控制指标

美丽乡村的总体规划应和土地规划、区域规划、乡村空间规划相协调，应当依据当地的经济、自然特色、历史和现状的特点，综合部署，统筹兼顾，整体推进。

坚持合理用地、节约土地的原则，充分利用原有建设用地。在满足乡村功能上的合理性、基本建设运行上的经济性前提下，尽可能地使用非耕地和荒地，要与基本农田保护区规划相协调。

在规划中，要注意保护乡村的生态环境，注意人工环境与自然环境相和谐。要把乡村绿化、环卫建设、污水净化等建设项目的开发和环境保护有机地结合起来，力求取得经济效益同环境效益的统一。

在对美丽乡村规划中，要充分运用辩证法，把新建和旧村改造相结合，保持乡村发展过程的历史延续性，保护好历史文化遗产、传统风貌及自然景观。达到创新与改造、保护与协调的统一。

美丽乡村规划要与当地的发展规划相一致，要处理好近期建设与长远发展的关系，使乡村规模、性质、标准与建设速度同经济发展和村民生活水平提高的速度相同步。

（二）乡村规划用地标准

1. 规划建设用地结构

在对乡村进行规划时，应按照国家的《城市用地分类与规划建设用地标准》执行。规划中的居住用地、公共管理与公共服务用地、工业用地、交通设施用地、绿地用地的面积占建设用地面积的比例应符合表 3-2 的规定。

表 3-2　规划建设用地结构

类别名称	占用地的比例（%）	类别名称	占用地的比例（%）
居住用地	25.0~40.0	交通设施用地	10.0~30.0
公共管理与公共服务用地	5.0~8.0	绿化用地	10.0~15.0
工业用地	15.0~30.0		

2. 规划人均单项建设用地标准

（1）规划人均居住用地指标。规划人均居住用地，一方面，应依据国家制定的《建筑气候区划分标准》中划分的气候区划。另一方面，依据《城市用地分类与规划建设用地标准》执行。其指标应按表 3-3 执行。

表 3-3　人均居住用地面积（平方米/人）

建筑气候区划	Ⅰ、Ⅱ、Ⅵ、Ⅶ气候区	Ⅲ、Ⅳ、Ⅴ气候区
人均居住用地面积	28.0~38.0	23.0~36.0

（2）规划人均公共管理与公共服务用地面积不小于 5.5 平方米/人。

（3）规划人均交通设施用地面积不应小于 12.0 平方米/人。

（4）规划人均绿地面积不应小于 10.0 平方米/人，其中人均公园绿地面积不应小于 8.0 平方米/人。

（三）乡村工业用地规划

工业生产是美丽乡村经济发展的主要因素，也是加快乡村现代化的根本动力，往往是美丽乡村形成与发展的主导因素。因此美丽乡村工业用地的规模和布局直接影响美丽乡村的用地组织结构，在很大程度上决定了其他功能用地的布局。

美丽乡村工业用地的规划布置形式，应根据工业的类别、运输量、用地规模、乡村现状以及工业对美丽乡村环境的危害程度等多种因素综合决定。一般情况下，美丽乡村工业用地布置形式主要有以下 3 种。

1. 布置在村内的工业

在乡村中，有的工厂具有用地面积小，货运量不大，用水与用电量又少，但生产的产品却与乡村居民生活关系密切，整个生产过程无污染排放，如小五金、小百货、小型食品加工、服装缝纫、玩具制造、文教用品、刺绣编织等工厂及手工业企业。这类工业企业可采用生产与销售相结合的方式布置，形成社区性的手工业作坊。

工业用地布置在村、镇内的特点是，为居民提供了就近工作的条件，方便了职工步行上下班，减少了交通量。

2. 布置在乡村边缘的工业

根据近几年乡村工业用地的布置来看，布置在乡村边缘的工业较多。按照相互协作的关系，这类布置应尽量集中，形成一个工业小区。这样，一方面满足了工业企业自身的发展要求，另一方面又考虑了工业区与居住区的关系。既可以统一建设道路工程、上下水工程设施，又可以达到节约用地、减少投资的目的。另外，还能减少性质不同的工业企业之间的相互干扰，又能使职工上下班人流适当分散。布置在村边缘的企业，所生产的产品就可以通过公路、水运、铁路等运输形式进行发货和收货，这类企业多为机械加工、纺织厂等。

3. 布置在远离乡村的工业

在乡村中，有些工业受经济、安全和卫生等要求的影响，宜布置在远离乡村的独立地段。如砖瓦厂及石灰、选矿等原材料工业；有剧毒、爆炸、火灾危险的工业；有严重污染的石化工业和有色金属冶炼工业等。为了保证居住区的环境质量，规划设计时，应按当地最小风频、风向布置在居住区的下风侧，必须与居住区留有足够的防护距离。

（四）道路用地的规划布置

“要想富，先修路”是对乡村发展的精辟总结。为此，“村村通”工程为美丽乡村发展奠定了坚实的基础。

在规划美丽乡村交通公路时，通常是根据公路等级、乡村性质、乡村规模和客货流量等因素来确定或调整公路线路走向与布置。在美丽乡村中，常用的公路规划布置方式有以下几点。

第一，把过境公路引至乡村外围，以切线的布置方式通过乡村边缘。这是改造原有乡村道路与过境公路矛盾经常采用的一种有效方法。

第二，将过境公路迁离村落，与村落保持一定的距离，公路与乡村的联系采用引进入村道路的方法布置。

第三，当乡村汇集多条过境公路时，可将各过境公路的汇集点从村区移往乡村边缘，采用过境公路绕过乡村边缘，组成乡村外环道路的布置方式。

第四，过境公路从乡村功能分区之间通过，与乡村不直接接触，只是在一定的入口处与乡村道路相连接的布置方式。

第五，高速公路的定线布置可根据乡村的性质和规模、行驶车流量与乡村的关系，可规划为远离乡村或穿越乡村两种布置方式。若高速公路对本村的交通量影响不大，则最好远离该村布置，另建支路与该村联系；若必须穿越乡村，则穿入村区段路面应高出地面或修筑高架桥，做成全程立交和全程封闭的形式。

（五）港口乡村的规划布置

港口按其所处的水域地理位置分为河港和海港两大类。

水运主要利用地面水体进行运输，对乡村的干扰较少。水运与乡村的联结和转运主要是通过港口进行，所以港口是水运乡村的重要组成部分，也是水陆联运的枢纽。美丽乡村总体规划中的水运规划，首先要确定的就是港口的位置，其次才能合理地规划布置其他各项规划用地。

在选择港口位置时，既要满足港口工程技术、船舶航行、经营管理等方面要求，又要符合美丽乡村总体发展的利益，解决好港口与乡村工业、仓库、生活居住区之间的矛盾，使他们形成一个有机的整体。所以它必须符合下列要求。

第一，港口位置的选择必须符合地质条件好，冲刷淤积变化小，水流平顺，具备足够水深的河、海岸地段；有较宽的水域面积，能保证船舶方便、安全地进、出港，能满足船舶运转和停泊；应有足够的岸线长度及良好的避风条件；港区陆地面积必须保证能够布置各种作业区及港口的各项工程设施，并有一定的发展余地；港口位置还应选在有方便的水、电、建材供应，维修方便的地段。

第二，港口位置的选择应与乡村、整体规划布局相协调，尽量避免将来可能产生的港口与乡村建设中的矛盾。应留出一定的岸线，尤其是村中心区附近的岸线作为生活岸线，与乡村公共绿地系统结合布置，以满足村民休闲游憩的需要，增添和丰富乡村景观，改善乡村生态环境。港口作业区的布置不应妨碍乡村工作，不应影响乡村的安全。乡村客运码头应接近于村中心区。港口布置应不截断乡村交通干线，并应积极地创造水陆联运的条件。

在港口乡村规划中，还要妥善处理港口布局与乡村布局之间的关系。一是要合理进行岸线分配，这是一个关系到港口乡村总体布局的大问题。沿河、海的乡村在分配岸线时应遵循“深水深用，浅水浅用，避免干扰，各得其所”的原则，综合考虑乡村生活居住区、风景旅游区、休养疗养区的需要，做出统一规划。二是要加强水陆联运和水水联运，当货物需通过乡村道路转运时，港区道路的出入口位置应符合乡村道路系统的规划要求，一般应坚持把出入口开在乡村交通干道上，应避免开设在乡村生活道路上，以防造成交通混乱。

（六）乡村公共建筑用地规划

美丽乡村公共建筑用地与居民的日常生活息息相关，并且占地较多，所以美丽乡村的公共建筑用地的布置，应根据公共建筑不同的性质来确定。公共建筑用地应布置在位置适中、交通方便、自然地形富于变化的地段，并且要保证与村民生活方便的服务半径，有利于乡村景观的组织和安全保障等。

1. 乡村中的日常商业用地

与村民日常生活有关的日用品商店、粮油店、菜市场等商业建筑，应按最优化的服务半径均匀分布，一般应设在村的中心区。

乡村集贸市场，可以按集贸市场上的商品种类、交易对象确定用地。集贸市场商品种类可分为以下几类。

（1）农副产品。主要有蔬菜、水果、禽蛋、肉类、水产品等。

（2）土特产品。包括当地山货、土特产、生活用品、家具等。

（3）牲畜、家禽、农具、作物种子等。

（4）粮食、油料、文化用品等。

（5）工业产品、纺织品、建筑材料等。

在集贸市场流通的农副产品和土产品，与乡村居民的生活有着密切关系，所以市场应在村子的中心位置布局，以方便村民的生活需要。

对于新兴的物流市场、花卉交易、再生资源回收市场、农业合作社交易市场等，也应在规划用地中给予充分的考虑。布局时，考虑设置在交通方便的地方，一般单独设在村子的边缘，同时应配套相应的服务设施。

从乡村的集贸市场和专业市场来看，其平面表现形式有两种：沿街带状或连片面状。

对于专业市场的用地规模应根据市场的交易状况以及乡村自身条件和交易商品的性质等因素进行综合确定。

2. 学校、幼儿园教育用地

在中心村设置有学校和幼儿园的建筑用地，应设在环境安静，交通便利，阳光充足，空气流通，排水通畅的地方。对于幼托所，可设置在住宅区内。

3. 医疗卫生、福利院用地

为改善百姓就医环境，满足基本公共卫生服务需求，缩小城乡医疗差距，达到小病不出村，老有所养的要求，乡村卫生所和老年福利院建设不可忽视。规划村级卫生所和老年福利院，要选择阳光充足、通风良好、环境安静，方便就诊、养老的地方。同时院所前或院内应有足够的停放车辆位置。

4. 村级行政管理用地

对于中心村来讲，村级行政管理建筑用地可包括村委办公、文化娱乐、旅游接待等。应结合相应的功能选择合适的地方，并要有足够的发展空间。

（七）居住用地的规划

为乡村居民创造良好的居住环境，是美丽乡村规划的重要目标。为此在乡村总体规划阶段，必须选择合适的用地，处理好与其他功能用地的关系，确定组织结构，配置相应的服务设施，同时注意环保，做好绿化规划，使乡村具有良好的生态环境。

乡村人居规划的理念应体现出人、自然、技术内涵的结合，强调乡村人居的主体性、社会性、生态性及现代性。

1. 乡村人居的规划设计

乡村居住建设工作要按“统一规划，统一设计，统一建设，统一配套，统一管理”的原则进行，改变传统的一家一户各自分散建造的方式，为统一的、社会化的、综合开发的新型建设方式，并在改造原有居民单院独户的住宅基础上，建造多层住宅，提高住宅容积率和减少土地空置率。合理规划乡村的中心村和基层村，搞好退宅还耕，扩大农业生产规模，防止土地分割零碎。乡村居住区的规划设计过程应因地制宜，结合地方特色和自然地理位置，注意保护文化遗产，尊重风土人情，重视生态环境，立足当前利益并兼顾长远利益，量力而行。

（1）中心村的建设。中心村的位置应靠近交通方便地带，要能方便连接城镇与基础村，起到纽带作用。中心村的住宅应从提高容积率和节约土地的角度考虑，提倡多层住宅，如多层乡村公寓。政府要统一领导农民设计建设，不再批土地给村民私人建造单门独院住宅，政府应把这项工作纳入目标任务，加大力度规划和引导中心村的建设，逐步实现中心村住宅商品化。

（2）基层村的建设。基层村应与中心村有便捷的交通设施，其设置应以农、林、牧、副、渔等产业的直接生产来确定其结构布局。鉴于农业目前的生产关系，可将各零星的自然村集中调整成为一个新的“自然”行政村，尽量让一些有血缘关系或亲友关系或有共同语言的农民聚在一起，便于形成乡村规模经济。基层村的住宅要以生产生活为目的，最好考虑联排形式，可借鉴城市郊区的联排别墅建成多层农房，并进行功能分区，底层用作仓储，为生产活动做准备，其他层为生活居住区，这样将有利于生产生活并节约土地。

（3）零星村的迁移建设。在旧村庄的改建过程中，必须下大功夫让不符合规划的村庄和散居的农户分批迁移，逐步退宅还耕，加强新村的规划设计。在迁移过程中要考虑农民的经济能力，各地政府不要操之过急。对于确有困难的农民可以允许推迟或予以政策支持，同时要给迁移的村民一定的经济补偿。

2. 乡村居住用地的布置方式和组织

美丽乡村居住用地的布置一般有两种方式。

（1）集中布置。乡村的规模一般不大，在有足够的用地且用地范围内无人为或自然障碍时，常采用这种方式。集中布置方式可节约乡村建设的投资，方便乡村各部分在空间上的联系。

（2）分散布置。若用地受到自然条件限制，或因工业、交通等设施分布的需要，或因农田保护的需要，则可采用居住用地分散布置的形式。这种形式多见于复杂地形、地区的乡村。

乡村由于人口规模较小，居住用地的组织结构层次不可能与城市一样分明。因此，乡村居住用地的组织原则是：服从乡村总体的功能结构和综合效益的要求，内部构成同时体现居住的效能和秩序；居住用地组织应结合道路系统的组织，考虑公共设施的配置与分布的经济合理性以及居民生活的方便性；符合乡村居民居住行为的特点和活动规律，兼顾乡村居住的生活方式；适应乡村行政管理系统的特点，满足不同类型居民的使用要求。

二、美丽乡村发展模式的要素设计

美丽乡村是一种理想的村庄发展模式，对美丽乡村的模式设计最终还要分解为各个要素，生成可操作、实施的工程体系，然后对每个要素按照美丽乡村的理论和美丽乡村模式规划设计的原则与方法进行设计。

（一）生态人居的设计

美丽乡村的人居环境包含两个层次：住宅环境和村落环境。住宅包括住房和庭院环境，是私人活动空间，也是居民主要的生活环境，具有私密性。村落环境是公共活动空间，具有开放性。生态人居的设计就从这两个层次进行，设计的目标是实现人与自然的和谐，营造人性化、生态化的人居环境。

1. 生态住宅

随着人们环境意识的提高，生态住宅逐渐由理念走向实践。为规范生态住宅的建设，城乡和环境建设部于《全国绿色生态住宅小区建设要点及技术导则》中对生态住宅在能源、水环境、气环境、声环境、光环境、热环境、绿化、废弃物管理与处置、绿色建筑材料 9 个方面做出了明确要求。村庄的生态住宅不能简单套用以上的标准，其设计应与村庄的自然地貌相结合，与田园风光相结合，与农民的生产和生活特点相结合。随着村庄经济条件的改善，农民建房有盲目攀比、求大求高的心理，为保持美丽乡村的开放空间，农民住房高度一般不宜超过3层，建筑样式要协调一致，但也不要千篇一律，要兼顾多样性与个性化。

根据住宅承担功能的不同，可以将村庄生态住宅分为两种类型：一是生活与生产功能分离型，住宅可以参考城市的生态住宅小区的标准进行设计；二是生活与生产功能结合型，农民的生活居住与农副业产品、手工艺产品生产或服务业经营结合在一起，住宅同时承担生产经营与生活的功能，在设计时就要综合考虑生产与生活的特点，进行综合设计和安排。

生态住宅的设计是一项复杂的系统工程，在本章中，仅对几个主要的生态要素进行概念设计。

（1）绿色建筑材料。建材生产是消耗资源与能源最大，并对环境产生严重污染的行业之一。因此，生态住宅在建材选择上应选择环保、绿色、天然的建材，尽量减少对资源环境的破坏。实行住宅墙体改革，限制使用黏土砖，推广应用空心混凝土砌块、蒸压灰砂砖、蒸压粉煤灰砖、农业废弃物制造的人造板、泰柏板等新型保温、节能材料。在室内装饰装修材料的选择上，尽可能使用自然材料，如竹、藤、木、石等和经过绿色环保认证的人工饰材。

（2）住宅单体造型。住宅单体造型或建筑式样关系到美丽乡村的整体风貌特色，反映人们的物质生活和精神生活水平，并在一定程度上体现社会精神和文化。它包括体型、立面、色彩、细部等，是住宅建筑内外部空间的表现形式。其设计应结合当地的风俗习惯、气候条件因地制宜，并注意节约用地和降低造价。在形式上注重现代化与乡土化的结合，即使用现代环保建筑材料，运用现代建筑技术，建造具有明显地方特色的住宅，如北方地区采用的四合院院落式住宅。

（3）室内空间生态设计。合理的室内空间是由一定数量的具有不同功能的室内空间组成。无论是生产与生活功能分离还是结合的生态住宅，在室内空间布局上都应做到功能分区、动静分区，分为私密性空间卧室、公共空间门厅、半公共空间起居室、家务空间、交通空间和一定的与大自然联系的开放空间，如阳台、天井或院落。在门窗走向设计、室内空间组织上应保证自然通风，采用可控天窗装置、可控遮阳装置，最大可能应用自然光照。室内引进适量绿色植物、花卉、鱼等，并科学合理搭配，营造室内亲自然的小环境，既增加美感又增强室内环境的生机与活力。

（4）可再生能源利用。生态住宅中除使用常规的清洁能源如电能、天然气、煤气等能源外，还应尽量应用太阳能、沼气能、风能等可再生能源。对太阳能的利用目前主要有 3 种方式：一是太阳能热水器的使用，现在应用比较普遍；二是被动式太阳能暖房，可充分利用太阳能取暖；三是随着光电转换技术的进步，使用光电板发电作为补充能源进行夜间照明。沼气能的使用应与发展养殖结合起来，可以采用家庭分散式或沼气站集中式应用沼气能，既能净化环境又能产生新能源。在风能资源丰富的地区可以直接利用风能发电装置获得清洁能源。

（5）立体绿化美化。立体绿化美化主要包括屋顶覆土种植、墙体绿化。庭院美化设计，是生态住宅的一大特色，不但可以保持乡村的绿色景观，而且有利于调节住宅小气候，利于营造舒适宜人的空间环境。屋顶覆土种植对屋顶建筑要求比较高，要在现浇混凝土屋顶增加防水层、隔离层、排水层，其上覆土，可种植花卉、蔬果等高价值作物或绿化植物，不仅可以增加经济效益，还可起到保温纳凉的生态功效。此外，庭院还可设置蓄水池，可供居民养鱼或浇灌绿化、清洁地面和冲刷卫生间等，同时还改善了周围小气候。墙体绿化是在墙下种植爬山虎等攀缘植物，以覆盖墙体，减少日光直晒，在夏季起到降温的作用。庭院美化是在庭院内合理搭配种植花草树木，使庭院形成错落有致、四季常青、鸟语花香、通透良好的农家小院。

（6）水的利用与处理。生态住宅中对水的利用与处理是一项重要设计，是体现住宅生态内涵的关键指标。水利用的原则是“循环使用，分流供排”，其设计包括供水系统、污水处理系统、排水系统、雨水收集利用系统。供水系统要根据用水对水质要求的不同实行分流供水，饮用水、厨房用水、淋浴用水与人体健康密切相关，要使用达标的饮用水源；浇灌、冲厕、刷车、景观用水的水质要求不高，可以使用洗浴、厨房排水或雨水等。污水处理系统主要是指对粪便的处理，推广使用家用沼气净化池，做到粪便污水的就地消化、分散处理。排水系统实行“雨污分流”，洗浴、厨房排水冲厕后进入沼气净化池，经处理后排入村内水塘，用于村落景观用水。雨水收集利用或经雨水管道排入村内水塘，补充地下水。庭院内设置雨水收集池，在雨季时收集屋面雨水和地面雨水，另外可作为生活杂排水的排水池，池内可养鱼、种莲，既可以收集雨水，又可作为水景美化庭院环境。

（7）生态经济庭院。村庄庭院生态工程，是生态工程当中一个重要的分支，一般是指在村庄人口居住地与其周边零星土地范围内进行的，应用生态学的理论和系统论的方法，对其环境、生物进行保护、改造、建设和资源开发利用的综合工艺技术体系。村庄庭院本身属于我国村庄和农业生产的一种特殊资源，合理而高效益地开发与利用村庄庭院资源对于我国农业和村庄发展具有重要意义。

在村庄，庭院面积普遍较大，可以利用庭院的土地资源和光热资源，发展庭院经济，种植果树、蔬菜（大棚）、食用菌、花卉种苗等，养殖猪、羊、鸡、兔、鸟、鱼、虾等小型动物，建设小型家用沼气池，并与村庄“改水、改厕、改厨”结合起来，做好庭院功能分区，使人畜分离，生产、生活适当隔离，优化庭院布局，形成种养结合的生态经济庭院。但在庭院面积较小的村庄，从生态人居的角度考虑，应逐步把畜禽养殖转移至村外养殖小区，使动物生产的功能从庭院中分离出去，增加绿化美化，创造整洁、舒适、美观、卫生的庭院生活环境。

2. 生态村落

村落社区是村庄居民进行休闲、娱乐、公共活动与交流的场所，其空间布局、环境质量、文化氛围都影响到居民的生活质量和心理健康，是体现生态人居的一个重要指标。生态村落的目标是为居民提供舒畅的生活环境，融洽的人文环境和优美的生态环境。生态村落的设计包括两个方面：一是村落功能分区，二是村落景观要素的生态设计。

（1）村落内各功能区布局。美丽乡村是一个多功能的聚居单元，具有生产、生活、生态的内部功能及教育、旅游、示范的外部功能，从形态上可分为居住区、公共服务区、休闲娱乐区、绿化隔离区、旅游区、种植区、养殖区、工业小区等，各功能区之间既相互独立又相互联系，在布局上或分离或镶嵌，因此，需要合理安排各区布局，避免产生干扰与不良影响。根据中心地理理论及方便生产生活的原则，各功能区布局的结构层次由内向外可分为 3 层：第一层为商业服务中心兼有文化活动中心或行政中心；第二层为生活居住层，穿插生产功能；第三层为工农业生产活动中心，穿插休闲旅游功能区。在表现形态上大致有圈层状、弧条状和星指状 3 种类型。圈层状布局主要应用于平原区，3 个层次由内向外呈圈层状向外扩展。弧条状布局是由于受自然地形限制，或由于受交通区位吸引而沿河或公路进行布局设计，为防止用地不断向纵向发展，应利用坡地在横向上做适当发展，建立一定规模的公共中心，引导形成内聚力。星指状布局一般处于由内向外发展状态，要特别注意各类用地的合理功能分区，防止形成相互包围的困境。

（2）公共活动空间设计。公共活动空间是指村落中居民经常聚集活动的场所，不仅是公共活动的物质环境空间，而且是居民交往沟通的文化空间，相当于社区的文化交流中心，在居民的精神生活中占有非常重要的地位。公共活动空间的设计有利于增强居民的归属感和认同感，其景观风貌特点、人气景象对社区居民凝聚力、亲和力具有象征意义。

公共活动空间的布局一般位于村落的地理中心、街头巷尾，或与休闲广场、公园、水塘、商业服务机构结合在一起，在表象上往往以一棵古树、一块古碑、一座石碾等作为标志性景观。公共活动空间的设计要充分考虑与其他功能区特别是居住区的关系，要因地制宜，充分体现当地的民风、民俗，并结合时代发展要求，创造丰富多彩、个性鲜明的乡村风貌，保证公共活动空间的开放性、和谐性、凝聚性。

（3）道路交通设计。美丽乡村的道路交通设计要把握几个原则：一是过境道路要绕村走，避免对村落产生噪声和空气污染；二是主要街道的设计要实行人车分流，保障居民出行安全；三是村内道路不宜太宽，以保障小物种能顺利过路迁移，体现对生物多样性的保护；四是尽量减少地面硬化面积，在一些人行道、停车场等硬地，采用硬质软铺装地面设计，铺设小石块或植草砖，中间可以植草绿化，减少地面径流，增加雨水渗透；五是要体现村庄自然特色，增加人情味，居住区内街坊巷道应保持其弯曲活泼自然形成的特色，洋溢着亲切自然的生活气息。

（4）水域景观设计。传统村落中一般都有几个水塘，有的相互连通，在村落中具有重要的生态经济功能，可以增加空气湿度，调节村内小气候，为多种生物提供栖息地，排洪、防涝、防火，养鱼、养鸭、种藕，洗涮、垂钓、滑冰等。生态村落的设计要保持一定比例的水域面积，使之继续发挥以上功能，并在四周植树绿化，改造驳岸，营造亲水景观，增加村落的景观要素。水域布局应位于村落的地势低洼处或公共活动空间，自来水可以利用经沼气净化池处理的生活污水和村内汇集的雨水，保持一定的水位，对外与河流、沟渠相连。

（5）村落绿化设计。村落绿化是为居民提供良好人居环境的重要保证，生态村落应是高绿化覆盖率的村落。村落绿化包括庭院绿化、街道绿化、防护林绿化、绿地花园设计等方面（庭院绿化已在生态住宅中阐述，不再赘述）。街道绿化应形成草本、灌木、乔木相结合的、高低错落有致的立体绿化体系，在品种选择上应充分利用本土品种，慎重选择引进品种，既要考虑绿化的美观又要照顾绿化的经济性，例如可选择核桃、柿子树等或银杏等稀有高价值树木作为绿化品种。防护材绿化是指在村落四周或河流、沟渠、对外交通道路两侧种植高大绿化品种，起到对村落防护与隔离的作用，在树种选择上，以杨、柳、槐树及泡桐等速生树种为主。绿地花园设计要结合公共活动空间，体现乡村特色，进行乡土化设计，形成有向心力的绿地花园，为居民提供休闲、健身的场所。

（二）生态产业设计

美丽乡村的生态产业模式设计就是在区域生态经济发展布局的背景下，结合当地的自然资源条件和社会经济条件，在发展生态农业的基础上，按照生态产业的发展规律，逐步发展生态旅游业，有条件的地方建设生态工业园区，实现区域社会经济的生态化发展。生态设计不仅要在产业部门系统内进行，而且还要在各系统之间进行横向联合，延长产业链，在美丽乡村的大系统内建立整体循环的“食物链”和“食物网”，实现大系统内的物质循环、能量多级利用、有毒有害物质的有效控制，实现对美丽乡村系统外废弃物的“零排放”。

生态产业按照产业部门可分为生态农业、生态工业、生态旅游业、生态服务业、生态林业等。现阶段美丽乡村中生态产业的发展多数以生态农业和生态旅游为主，因此，主要对生态农业和生态旅游的发展模式进行设计。

1. 生态农业

生态农业在我国既是发展比较完善的生态产业，也是实现“循环经济”的成功范例。经过多年的发展已初步建立起了生态农业的理论、工程模式、规划设计与评价体系，在振兴村庄经济、改善生态环境和促进社会发展中取得了显著的社会、经济和环境效益，也受到国际同行的好评。但是也应该看到，我国生态农业还一直在低技术、低效益、低规模、低循环的传统生态农业层面上徘徊，与产业规模化和村庄现代化的差距还很大。生态农业的发展，只有从农业小循环走向工、农、商结合的产业大循环，从小农经济走向城乡、脑体、工农结合的网络和知识经济，从“小桥、流水、人家”的田园社会走向规模化、知识化、现代化的生态社会，中国村庄才能实现可持续发展。

生态农业在我国结合不同的资源环境条件与社会经济条件，在全国各地创造了许多典型模式，如北方的“四位一体”、南方的“猪—沼—果”、平原区的农牧复合生态模式、西北旱作区的“五配套”生态模式等。但具体到某一特定的生态村，在生态农业整体设计时具体采用哪种模式，应用哪些生态工程技术，生产哪些主导产品，对产品采用什么样的生产标准，应该具体分析该村的自然资源条件、社会经济发展水平、区位条件、交通状况、村民素质等条件，进行有针对性地设计。

对不同条件的美丽乡村发展生态农业可以采用两种形式：一是区域化、规模化、产业化的生态农业，适用于农业资源丰富、现代化程度较高的地区。以乡（镇）为基本组织单位，根据区位优势及资源优势，确定一个主导品种，进行标准化生产，生产绿色食品或有机食品，采用多种形式与公司、科研单位等龙头带动企业合作，进行产业化经营，变生态优势为产品优势，形成地方品牌，参与国际竞争。二是村级生态农业，是发展生态农业的低级形式，适用于交通不便、农业生产难于形成特色的地区。以自然村或行政村为基本组织单位，完善农、林、牧、渔复合生态系统，通过食物链加环等形式，以沼气为纽带，构建村级物质循环利用体系，提高生态效率及物质转化速率，发展庭院生态经济，提高农户经营水平。

2. 生态旅游

生态旅游是“以大自然为基础，涉及自然环境的教育、解释与管理，使之在生态上可持续的旅游”。在生态旅游设计时要考虑的主要因素包括：①旅游资源的状况、特性及其空间分布；②旅游者的类别、兴趣及其需求；③旅游地居民的经济、文化背景及其对旅游活动的容纳能力；④旅游者的旅游活动以及当地居民的生产和生活活动与旅游环境相融合。

发展生态旅游不仅只强调旅游过程中对旅游资源的保护与管理，而且要设法使衣、食、住、行等其他服务产业生态化，发展诸如生态服装、生态商店、生态饭店、生态旅馆、生态交通等，从而扩展生态旅游的外延。自然生物多样性是衡量当地能否开展生态旅游的重要标准。美丽乡村具有较高的生物多样性，结合农业景观及传统民俗文化，可以开发 3 类旅游资源，即自然风光、农业风光及民俗文化。

（1）自然生态旅游。位于山川、森林、草原、湖水等自然风光景区之内的村庄，可以借助自然风光发展自然生态旅游。在制定生态旅游规划时，必须分析生态旅游地的重要性，合理划分功能区，拟定适合动物栖息、植物生长、旅游者观光游览和居民居住的各种规划方案。充分利用河、湖、山、绿地和气候条件，为游客创造可观赏的优美的景观，为当地居民创造卫生、舒服和安谧的居住环境。还可以自然生态系统的景观为背景，创建不同类型的人工景观生态园，如岩石园、热带风光园、沼泽园、水景园等，利用其特定的小气候、小地形、小生态环境，丰富旅游地的生物种类。生态旅游规划应与当地的社会经济持续发展目标相一致。满意的规划不仅应该提出当前旅游活动的场地安排，而且应为未来的旅游发展指出方向，留出空间。

（2）农业观光旅游。生态农业不仅具有生产功能，而且具有景观美学价值，可以与旅游结合起来发展观光生态农业。观光生态农业是指以生态农业为基础，强化农业的观光、休闲、教育和自然等多功能特点，在此基础上形成的具有第三产业特征的新的农业生产经营方式，是生态农业与观光旅游相结合的产物。发展观光农业不仅可亲近自然，观赏农业景观，还可以参观学习现代农业生产的高新技术，体验农作生产，采摘、购买安全、绿色新鲜农产品及特色珍贵的农产品，还可以进行垂钓、狩猎、烧烤等休闲活动。具体可以根据不同条件选择高科技生态农业园、生态农业公园、生态度假村、生态农庄等模式。

（3）民俗文化旅游。村庄地区有着丰富的地方传统文化，如我们的传统节日春节、元宵节、端午节、中秋节等，各地村庄都有相应的庆祝活动，可以开展游客乐于参与的互动旅游项目。有的村庄具有历史文物景观，可以开展寻古探源的旅游活动。有些少数民族地区还流传着古老的工艺品加工工艺及巧夺天工的手工艺品，这些都可以作为民俗旅游的资源进行开发。民俗文化的旅游开发既可以弘扬、传承中华民族的传统文明，又可以教育现代人尊重历史、尊重劳动。

（三）生态环境设计

美丽乡村根植于特定的生态环境中，良好的生态环境是美丽乡村的必要条件。美丽乡村的生态环境建设主要分为两个方面：一是自然生态系统的保护与建设；二是农业生态系统环境的保护与建设。

1. 自然生态保护与建设

自然生态保护与建设的目标是科学经营管理自然资源，特别是要加强对不可再生资源的管理，保护森林、草地、河流、湖泊等自然生态环境，对生态遭破坏的地区进行生态恢复与治理，设立自然保护区，保护湿地等重要生态系统，保护野生动植物等生物资源，保护生物多样性。

自然生态的保护与建设要与当地居民的生计、就业与增收结合起来，通过生态补偿等政策措施与法律措施切实保护好自然生态环境，同时应注意人工环境与生态环境的协调。

2. 农业生态环境建设

现代常规农业生产方式以高投入、高消耗促进了农业生产水平的巨大进步，但同时也带来了严重的生态环境问题，如土壤质量的衰减，地下水位的下降与污染，化肥、农药过度使用对农产品的污染，秸秆焚烧对大气的污染，畜禽粪便的随意排放对水体的污染等。美丽乡村要改变这种状况，不仅要保持较高的农业生产力，而且要保护利用好农业的生态环境。

山区要退耕还林还草，防止水土流失；平原区要加强农田基本建设，建设农田防护林，推广粮农间作模式。采用农业新技术、新品种，推广科学施肥，增加有机肥用量，提高肥料利用效率，推广生物农药，应用病、虫、草害综合防治技术，防止化肥、农药的污染。提高水分利用效率，推广节水农业。作物秸秆综合利用，可进行直接还田或过腹还田、堆肥、气化、生产食用菌等。使用可降解农膜，减少农膜对土壤的不良影响。畜禽粪便要进行无害化处理并资源化利用，可生产沼气、堆肥、有机肥等。

三、美丽乡村规划设计模式

村庄类型一般划分为4类：城中村、城边村、典型村以及边缘村。美丽乡村规划主要包括以下部分：生态人居设计、生态产业设计、生态环境和生态文化4个。

（一）城中村

1. 涵盖范围

城中村是指位于城（镇）规划范围内的村庄。近年来，随着城市化进程的加快，城（镇）建设用地不断向四周扩张，城（镇）范围进一步扩大，农民土地被征用，将原本属于临近村庄的用地划入城（镇）中，成为城（镇）中的村庄，这就是所谓的城（镇）中村。

这类村庄因位于城（镇）区内，本身位于经济辐射的中心地带，因此具有一些其他村庄所没有的便利条件，如某些城（镇）设施的共享等，但同时又相应的存在一些不利因素。

2. 自身优劣势分析

城（镇）中村现象，是我国城市化过程中特有的城市形态，是城市建设急剧扩张与城市管理体制改革相对滞后造成的特殊现象。

（1）发展优势。城（镇）中村因位于城市之中，在应用城市设施方面具有很大的便利性，例如，公园绿地，给水、排水、医疗等设施的共享，这些地区的村民基本没有固定工作，每月通过租赁房屋即可拥有一定的收入。

（2）发展劣势。村庄的建设用地，并未被划为城（镇）用地，这在某种程度上阻碍了城（镇）发展，同时其建筑一般由非正规建筑队施工，质量没有保证。另外，村庄内基础设施建设滞后，外来人员居住较多，环境质量状况不容乐观，这些都影响了城（镇）的整体生态景观。

3. 建设目标及建议

村庄用地通过置换进行小区集中性建设，注意小区内部环境与配套生态设施（如中水节能设施）的建设。置换出的用地进行城（镇）建设尤其是应注意与周围生态小环境的改善。

（二）城边村

1. 涵盖范围

城边村是指位于城郊区，即位于城（镇）强辐射区的周边村庄。

在每个市（镇）区周围都分布着数量不等、规模不同的村庄，这些村庄与其依附的城（镇）市存在着千丝万缕的联系，但对它们的规划与开发建设相对滞后，具体表现在规划水平不高、规划雷同、建设发展无特色等方面。

2. 自身优劣势分析

（1）优势分析。靠近市（镇）区，有便利的交通条件。村庄与市（镇）区之间在区位上比较接近，远的不过数千米，近的则不过几百米，甚至有些已经与市（镇）区连在一起，它们与市（镇）区之间更容易产生各种各样的联系，无论是发展经济还是进行村庄建设以及信息的获得、交通的便利等，都是远离市（镇）区的村庄所无法比拟的。

便于接受市（镇）区的经济辐射。市（镇）区是一定区域内的经济中心，因此都存在一定数量规模的企业，这些企业所需要的一些配件生产就要分散到周围的村庄进行生产。而随着市（镇）区建设用地的日益紧张，越来越多的房地产项目也迁移到郊区的村庄，带来大量的消费人流。

充沛的环境资源和生态资源。一般而言，村庄的城镇化程度不高，自然环境比较优越。近年来，随着国际社会对绿色消费、生态城市的重视，生态资源显得越来越宝贵和稀缺，城郊村庄拥有的生态资源不像偏远村庄那样难以开发，所以价值更高。

易于利用人文资源。因为交通便利，城郊的村庄可以很好地利用城市里大专院校、科研机构的专家和人才资源，专家可以随时来授课、指导，而很多高校的毕业生也乐意来城郊的村庄工作或生活。如此便为村庄的发展注入了科技动力。

（2）劣势分析。富余劳动力多。距离城市越近的地区人口密度越大，相应地出现了人多地少、劳动力富余的现象。人多地少，这在改革开放之后是个普遍现象，在城郊村庄中表现得尤为突出。

人口构成复杂。城郊村庄一般来说经济比较发达，具有一定的吸引力，因此，不少村庄富余劳动力就自发来到城郊村庄务工经商。除务工经商人员之外，城郊村庄还有城市里无房户或者在城市工作而租住在城郊村庄的人员等。

建设用地剧增，人均耕地锐减。伴随着国民经济和各项社会事业的蓬勃发展、人口数量的不断增加和居住条件的日益改善，人均占有耕地急剧减少，人地关系日趋恶化。村庄扩建，蚕食邻近良田。村庄建筑占用的土地有相当一部分是属于经长期耕种而熟化的良田。因此，村庄扩建占地不只是一个数量概念，而且还是一个质量问题，这也是造成全国各地耕地质量普遍下降的重要原因之一。

3. 建设目标及建议

（1）尽量利用市区的便利基础设施，依托市（镇）区进行自身的建设，在用地布局及功能分区方面要与市区形成有机衔接。

（2）应充分利用便利的交通条件，发展有利于村庄的生态产业，促进村庄居民收入的增加。

（3）社会文化设施要放在重要的地位来考虑，在规划用地布局上予以合理安排，注意体育设施的布置。小绿地、小游园、文化广场都是陶冶情操、交流感情、休闲的场所，均应予以全面考虑。

（4）立足自身特色，发展特色产业。每个村庄都有自己独特的地域特色和独有的资源，如何充分合理利用自身资源、发展特色产业是村庄发展的根本。

（5）生态优先，注重可持续发展。村庄一般都有较城市更为良好的生态环境，所以在开发中要特别注意景观生态学思想的应用，理性开发利用土地，走可持续发展的道路。

（6）生态整体网络的建立。城镇与城郊之间属于城乡过渡地带，城郊村的农业用地相对于城镇来说具有更好的也是更直接的生态环境空间网络的完善作用，因此应处理好农业用地生境与城镇环境之间的生态和谐，同时应注意整体生态网络系统的完善。

4. 村庄生态建设模式

这种村庄模式进行生态分区时，可分为 3 个部分：居住区、观光休闲产业区和农业区。其中观光休闲产业区以小型教育、休闲产业为主，主要服务对象为所属城镇居民。农业应考虑到村庄农业用地较少，以种植经济作物为主，服务对象主要为城镇居民，同时会注意农业用地与城镇景观之间网络体系的建立。设施配置方面主要考虑与城镇的共享，节约经济资金的投入。

（三）典型村

1. 适用范围

介于城郊生态村与边远地区生态村之间，这类村庄在村庄里所占数量较多。

2. 优劣势分析

（1）优势分析。考虑到这类村庄距城郊较近，针对城郊村的匮乏资源具有一定的后备补充能力，如大规模的养殖业供应方面等。

（2）劣势分析。发展目标盲目，环境污染问题逐渐加剧。一方面，由于传统社会结构单一化和原始落后的社区观念未能适应当前的经济发展需要，以致社区缺乏统一的社会经济发展目标和发展动力，一些中小城镇在其城镇总体规划或城镇体系规划中虽然有所涉及，但也只能是有心无力，此外优先发展中心城镇等现行诸多政策也使这些地区短期内无法制定有效的发展目标。另一方面，众多村庄在近期发展中过于注重短期利益所带来的好处，而忽视了对环境的保护，逐渐出现了大气污染、水质恶化等环境问题，原因主要在于只注重设立新的工业企业，而忽视了对环境造成的负面影响和破坏后的治理等方面的问题。

基础设施较差。村里基础设施配置简单，设施陈旧，与生活有关的基础设施十分落后，如电网老旧、电压不稳、电价贵；没有完善的排水系统；大部分地区没有自来水，吃水一般靠自家的水井或是挑水来用，甚至有些地方饮用水水质都达不到国家最低要求；交通、信息状况较差，这些都急待完善，都在很大程度上限制了村庄生活水平的提高。

村庄用地布局混乱。因为长期缺乏村庄规划设计，村庄整体布局采用村审批的办法进行，对于工业用地从来不考虑工业对周围环境的影响，出现了工业用地与其他用地相穿插的现象，这在一定程度上影响了村庄的发展，同时也对村庄产生一定的环境污染问题。

3. 建设目标与建议

为了提高村庄的经济竞争力，对上述这类村庄可进行适当的合并。规划时应注意村中各项功能用地的生态布局，对村庄建设用地进行适当集中，从而节约各项设施的资金投入力度。根据本村特色产业可进行生态产业定位，适度发展小型旅游景区。另外，也应注意在原有产业链的基础上进行产业链的完善，使村庄基本达到零污染。最后，在设施配置方面，这类村庄要求配置比较完善。

具体做法如下。

（1）适时调整行政区划，合理合并自然村落。通过适时调整乡村行政区划、合理进行迁村并点来增强集聚效应和提高规模效益，从而为村庄经济和社会发展节约土地资源。

（2）完善村中基础设施。尤其是通往城镇的道路交通的完善，为村庄经济发展打下坚实基础。完善村中的环卫处理设施，尤其是垃圾处理场。

（3）完善村中产业布局。尤其是针对城镇资源匮乏的产业。

（4）村庄生态环境的完善。对村中产业发展应以无污染产业为主，针对一些确有需要的污染性产业也要进行生态环境评估，注意经济与环境之间的和谐。

4. 村庄生态建设模式

村庄在进行功能分区时，从大的方面可分为 3 个部分，即居住区、生态产业区和农业区。其中生态产业主要结合本村实际情况设置，考虑村庄远离城镇，因此发展产业应以品牌、专业取胜，服务对象为相邻省份，甚至全国。农业区主要以种植农产品为主。

（四）边缘村

1. 适用范围

边缘村是指位于城镇的边缘地区，也可以说是位于两个城镇交界处的村庄。这类村庄因为经济落后，与外界联系较少而保留了以前很多的优良传统，且环境景观良好。这类村庄往往处于山区、平原、河谷、盆地等地区，这些地区往往由于自身发展经济状况和环境等外部条件的制约而发展艰难。

这些村庄因为没有什么产业发展，外出打工人员较多，造成本村人口资源流失严重，同时因为村庄建设的无序性，土地资源浪费情况在这些地区尤其严重，但这类村庄生态环境状况保存良好。

2. 自身优劣势分析

（1）优势分析。生态环境状况整体良好。边缘村因为地理位置特殊，村庄基本没有污染性产业，即使存在数量也极少，其污染程度也远远小于自然环境的净化能力，因此，这些地区往往保存有价值极高的自然生态环境。这些地区往往具有生物的多样性，这在城市里以及其他类型的村庄极为少见。

具有保存价值较高的人文景观。边远地区因所处地理位置关系，长久以来与外界缺乏联系，尤其不容易遭受到历史的变迁、战争的洗礼，因此保存状况良好。例如，位于山西省五台县豆村的佛光寺，即为我国唐代木构建筑。

具有民俗风情特色。边远地区村庄长久以来因与外界接触较少，所以村里的民情风俗几乎不受外界影响。

（2）劣势分析。因为边远地区村庄的特殊情况，其与外界联系极度缺乏，而且信息闭塞甚至有些行政村通往乡（镇）的道路为泥泞土路，到乡（镇）只能采用步行的方式。同时，村庄居民的主要活动区域和场所仅局限于附近几个同等经济状况的村庄，与外界缺乏有机联系性，因此同质性较强，缺乏能流、信息流之间的有效移动。

人口流失情况严重。因村子所处地理位置受到周围环境极大地影响，村民生活环境基本处于比较原始的的方式：肩挑、手提、人牛拉犁……有的山区连人走路都要手脚并用，就更不用提现代化设施的完善了，这导致了大量的人流外出打工或外迁，从而使村中居民进一步减少。

建设资金筹措困难，缺少相应的体制保障。发展资金问题是限制边远地区村庄发展的重要因素。边远地区村庄发展的必备条件是不可能靠少数人或政府的资助来得到根本解决的。交通及社会服务设施等基础建设均需要大量资金，而没有合理的资金分配制度和正确的市场策略是难以保证的。从中央到地方政府都无力长期承担数量巨大的村庄社区所需的配套发展资金，只能发动社区自身的力量和依靠政府的协调来达到筹措资金的目标。因而，只能建立合理的实施资金循环体制才能从根本上解决资金困难问题。

土地资源浪费严重。在边缘村，村庄建筑面积一般超过国家规定标准，且布局分散，导致村中大量的农业用地变为村庄建设用地或者被荒芜下来。

3. 建设目标与建议

（1）完善村中基础设施的配置。对村中一些陈旧的基础设施进行完善，同时要处理好和外界联系道路的完善。

（2）主导产业以发展旅游业为主。借助村中特色环境可开发自然探险游、民俗风情游、人文景观游等特色旅游产业，这是美丽乡村发展的主要出路。

4. 村庄生态建设模式

边缘村功能分区共分 4 个区：居住区、文化民俗旅游区、生态产业区、农业区。这类地区因地处偏僻，与外界联系较少，具有很多传统特色的建筑或技术得以传承，同时还拥有较传统的民俗风情，因此可面向全国发展民俗文化旅游。生态产业可依托旅游业进行发展。农业区种植以农产品为主。

第二节　美丽乡村建设与居民建筑规划

一、美丽乡村居民点住宅用地的规划

（一）住宅用地规划布置的基本要求

1. 使用要求

住宅建筑群的规划布置要从居民的基本生活需要来考虑，为居民创造一个方便、舒适的居住环境。

居民的使用要求是多方面的，例如，根据住户家庭不同的人口构成和当地气候特点来选择合适的住宅类型。由于地区、民族、年龄、职业、生活习惯等不同，其生活活动的内容也有所差异，这些差异必然导致对规划布置不同。

2. 环境要求

（1）日照。日光对人的健康有很大的影响，因此，在规划住宅建筑时应适当利用日照，冬季应争取最多的阳光，夏季则应尽量避免阳光照射时间太长。住宅建筑的朝向和间距也在很大程度上取决于日照的要求，尤其在纬度较高的地区（$\phi=45°$以上)，为了保证居室的日照时间，必须要有良好的朝向和一定的间距。为了确定前后两排建筑之间合理的间距，须进行日照计算。平地日照间距的计算，一般以农历冬至日正午太阳能照射到住宅底层窗台的高度为依据；寒冷地区可考虑太阳能照射到住宅的墙脚为宜。

居民的日照要求不仅局限于居室内部，室外活动场地的日照也同样重要。住宅布置时不可能在每幢住宅之间留出许多日照标准以外不受遮挡的开阔地，但可在一组住宅里开辟一定面积的宽敞空间，让居民活动时获得更多的日照。如在行列式布置的住宅组团里，将其中的南一幢住宅去掉1~2个单元，就能为居民提供获得更多日照的活动场地。尤其是托儿所、幼儿园等建筑的前面应有更开阔的场地，获得更多的日照，这类建筑在冬至日的满窗日照不少于3小时。

（2）朝向。住宅建筑的朝向是指主要居室的朝向。在规划布置中应根据当地自然条件，主要是以太阳的辐射强度和风向，来综合分析得出较佳的朝向，以满足居室获得较好的采光和通风。

在高纬度寒冷地区，夏季西晒不是主要矛盾，而以冬季获得必要的日照为主要条件，所以，住宅居室布置应避免朝北。在中纬度炎热地带，既要争取冬季的日照，又要避免西晒。在

Ⅱ、Ⅲ、Ⅳ气候区，住宅朝向应使夏季风向的入射角大于15°，在其他气候区，应避免夏季风向入射角为0°。

（3）通风。良好的通风不仅能保持室内空气新鲜，也有利于降低室内温度、湿度，所以建筑布置应保证居室及院落有良好的通风条件。特别在我国南方由于地区性气候特点而造成夏季气候炎热和潮湿的地区，通风要求尤为重要。建筑密度过大，居民点内的空间面积过小，都会阻碍空气流通。

在夏季炎热的地区，解决居室自然通风的办法通常是将居室尽量朝向主导风向，若不能垂直主导风向时，应保证风向入射角在30°~60°。此外，还应注意建筑的排列、院落的组织，以及建筑的体型，使之布置与设计合理，以加强通风效果，如将院落布置敞向主导风向或采用交错的建筑排列，使之通风流畅。但在某些寒冷地区，院落布置则应考虑风沙、暴风的袭击或减少积雪，采用较封闭的庭院布置。

在居民点和住宅组团布置中，通风也是很重要的内容，针对不同地区考虑保温隔热和通风降温。我国地域辽阔，南北气候差异大，各地对通风的要求也不同。炎热地区希望夏季有良好的通风，以达到降温的目的，这时住宅应和夏季主导风向垂直，使住宅立面接受更多、更大的风力。寒冷地区希望冬季尽量少受寒风侵袭，住宅布置时就应尽量躲开冬季的主导风向。因此，在居民点和住宅组团布置时，应根据当地不同季节的主导风向，通过住宅位置、形状的变化，满足通风降温和避风保温的实际要求。

（4）防止噪声。噪声对人的心脏血管系统和神经系统等会产生一定的不良作用。如易使人烦躁疲倦、降低劳动效率、影响睡眠、影响人体的新陈代谢、血压增高，以及干扰和损害听觉等。当噪声大于150分贝时，会破坏听觉器官。

一般认为，居住房屋室外的噪声不超过50分贝为宜。避免噪声干扰，一般可采取建筑退后道路红线、绿地隔离等措施，或通过建筑布置来减少干扰，如将本身喧闹或不怕喧闹的建筑沿街布置。

（5）防止空气污染。空气污染除来自工业的污染以外，生活区中的废弃物、炉灶的烟尘、垃圾、车辆交通排放的尾气及灰尘等不同程度地污染空气，在规划中应妥善处理，在必要的地段上设置一定的隔离绿地等。

（6）防止光污染。光污染已经成为一种新的环境污染，是损害我们健康的“新杀手”。光污染一般分为白亮污染、人工白昼和彩光污染 3 种。严重的光污染，其后果就是导致各种眼疾，特别是近视。

（7）防止电磁污染。随处可见的手机和各地的无线电发射基站，甚至微波炉，都可能产生电磁污染。电磁污染对人体的危害是多方面的，除了引发头晕、头疼外，还会对胎儿的正常发育造成危害。必须引起人们的重视，加以防范。

（8）防止热污染。大气热污染也称“热岛”现象。热污染是由于日益现代化的工农业生产和人类生活中排出的各种废热所导致的环境污染，它会导致大气和水体的污染。热污染会降低人体的正常免疫功能，对人体健康构成危害。

此外，还有建筑工地所造成的震动扰民污染、单调无味和杂乱无章造成的视觉污染等，也都会对人们健康造成危害。

3. 经济要求

住宅建筑的规划与建设应同乡（镇）经济发展水平、居民生活水平和生活习俗相适应，也就是说，在确定住宅建筑的标准、院落的布置时，均需要考虑当时、当地的建设投资及居民的生活习俗和经济状况，正确处理需要和可能的关系。

降低建设费用和节约用地，是住宅建筑群规划布置的一项重要原则。要达到这一目的，必须对住宅建筑的相关标准、用地指标严格控制。此外，还要善于运用各种规划布局的手法和技巧，对各种地形、地貌进行合理改造，充分利用，以节约经济投入。

4. 美观要求

一个优美的居住环境的形成，不是单体建筑设计所能奏效的，主要还取决于建筑群体的组合。现代规划理论，已完全改变了那种把住宅孤立地作为单个建筑来进行的设计，而应把居住环境作为一个有机整体来进行规划。居民的居住环境不仅要有较浓厚的居住生活气息，而且要反映出欣欣向荣、生机勃勃的时代精神面貌。因此，在规划布置中应将住宅建筑结合道路、绿化等各种要素，运用规划、建筑以及园林等手法，创建完整的、丰富的建筑空间，为居民创造明朗、大方、优美、生动的生活环境，显示美丽的乡（镇）面貌。

（二）平面规划布置的基本形式

住宅建筑的平面布置受多方面因素的影响，如气候、地形、地质、现状条件以及选用的住宅类型都对布局方式产生一定影响，因而形成各种不同的布置方式。规划区的住宅用地，其划分的形状、周围道路的性质和走向，以及现状的房屋、道路、公共设施在规划中如何利用、改造，也影响着住宅的布置方式。因此，住宅建筑的布置必须因地制宜。

（三）住宅群体的组合方式

1. 成组成团的组合方式

这种组合方式是由一定规模和数量的住宅（或结合公共建筑）组合，构成居民点的基本组合单元，有规律地反复使用。其规模受建筑层数、公共建筑配置方式、自然地形、现状条件及居民点管理等因素的影响。一般为 1 000~2 000人。住宅组团可由同一类型、同一层数或不同类型、不同层数的住宅组合而成。

成组成团的组合方式功能分区明确，组团用地有明确范围，组团之间可用绿地、道路、公共建筑或自然地形（如河流、地形高差）进行分隔。这种组合方式有利于分期建设，即使在一次建设量较小的情况下，也容易使住宅组团在短期内建成而达到面貌比较统一的效果。

2. 成街、成坊的组合方式

成街的组合方式是住宅沿街组成带形的空间，成坊的组合方式是住宅以街坊作为一个整体的布置方式。成街的组合方式一般用于乡（镇）或居民点主要道路的沿线和带形地段的规划；成坊的组合方式一般用于规模不太大的街坊或保留房屋较多的旧居住地段的改建。成街组合是成坊组合中的一部分，两者相辅相成，密切结合，特别在旧居住区改建时，不应只考虑沿街的建筑布置，而不考虑整个街坊的规划设计。

3. 院落式的组合方式

这是一种以庭院为中心组成院落，以院落为基本单位组成不同规模的住宅组群的组合方式。院落的布局类型，主要分为开敞型、半开敞型和封闭型几种，宜根据当地气候特征、社会环境和基地地形等因素合理确定。院落式组合方式科学地继承我国民居院落式布局的传统手法，适合于低层和多层住宅，特别是乡镇及村庄的居民点规划设计，由于受生产经营方式及居住习惯的制约，这种方式最为适合。

（四）住宅群体的空间组合

住宅群体的组合不仅是为了满足人们对使用的要求，同时还要符合工程技术、经济以及人们对美观的需要，而建筑群体的空间组合是解决美观问题的一个重要方面。对立统一法则是建筑群体的空间组合最基本的规律，在群体空间组合中主要应考虑的问题是如何通过建筑物与空间的处理而使之具有统一和谐的风格。其基本构图手法主要有以下几种。

1. 对比

所谓对比就是指同一性质物质的悬殊差别。对比的手法是建筑群体空间构图的一个重要的和常用的手段，通过对比可以达到突出主体建筑或使建筑群体空间富于变化，从而打破单调、沉闷和呆板的感觉。

2. 韵律与节奏

同一形体有规律的重复和交替使用所产生的空间效果，犹如韵律、节奏。韵律按其形式特点可分为4种不同的类型。

（1）连续的韵律。以一种或几种要素连续、重复的排列而形成，各要素之间保持着恒定的距离和关系，可以无止境地连绵延长。

（2）渐变韵律。连续的要素如果在某一方面按照一定的秩序逐渐变化，如逐渐加长或缩短、变宽或变窄、变密或变稀等。

（3）起伏韵律。当渐变韵律按照一定规律时而增加，时而减小，犹如波浪起伏，具有不规则的节奏感。

（4）交错韵律。各组成部分按一定规律交织、穿插而形成。各要素互相制约，一隐一现，表现出一种有组织的变化。以上4种形式的韵律虽然各有特点，但都体现出一种共性——具有极其明显的条理性、重复性和连续性。借助于这一点，在住宅群体空间组合中，既可以加强整体的统一性，又可以求得丰富多彩的变化。

韵律与节奏是建筑群体空间构图常用的一个重要手法，这种构图手法常用于沿街或沿河等带状布置的建筑群的空间组合中。但应注意，运用这种构图手法时应避免过多使用简单的重复，如果处理不当会造成呆板、单调和枯燥的感觉，一般来说，简单重复的数量不宜太多。

3. 比例与尺度

在建筑构图范围内，比例的含义是指建筑物的整体或局部在其长宽高的尺寸、体量间的关系，以及建筑的整体与局部、局部与局部、整体与周围环境之间尺寸、体量的关系。而尺度的概念则与建筑物的性质、使用对象密切相关。

一个建筑物应有合适的比例和尺度，同样，一组建筑物相互之间也应有合适的比例和尺度的关系。在组织居住院落的空间时，就要考虑住宅高度与院落大小的比例关系和院落本身的长宽比例。一般认为，建筑高度与院落进深的比例在 1∶3 左右为宜，而院落的长宽比则不宜悬殊太大，特别应避免住宅之间形成既长又窄的空间，使人感到压抑、沉闷。沿街的建筑群体组合，也应注意街道宽度与两侧建筑高度的比例关系。比例不当会使人感到空旷或造成狭长胡同的感觉。一般认为，道路的宽度为两侧建筑高度的 3 倍左右为宜，这样的比例可以使人们在较好的视线角度内完整地观赏建筑群体。

4. 色彩

色彩是每个建筑物不可分割的特性之一。建筑的色彩最重要的是主导色相的选择。这要看建筑物在其所处的环境中突出到什么程度，还应考虑建筑的功能作用。住宅建筑的色彩以淡雅为宜，使其整体环境形成一种明快、朴素、宁静的气氛。住宅建筑群体的色彩要成组考虑，色调应力求统一协调；对建筑的局部如阳台、栏杆等的色彩可做重点处理，以达到统一中有变化。

建筑绿化的配置、道路的线型、地形的变化以及建筑小品等，也是空间构图不可缺少的重要辅助手段。

二、美丽乡村居民点公共建筑的规划

（一）公共建筑的分类和内容

1. 社会公益型公共建筑

社会公益型公共建筑主要由政府部门统管的文化、教育、行政、管理、医疗卫生、体育场馆等公共建筑。这类公共建筑主要为居民点自身的人口服务，同时也服务于周围的居民。

2. 社会民助型公共建筑

社会民助型公共建筑指可市场调节的第三产业中的服务业，即国有、集体、个体等多种经济成分，根据市场的需要而兴建的与本区居民生活密切相关的服务业。如日用百货、集市贸易、食品店、粮店、综合修理店、小吃店、早点部、娱乐场所等服务性公共建筑。

民助型公共建筑有两个特点。

第一，社会民助型公共建筑与社会公益型公共建筑的区别在于，前者主要根据市场需要决定其是否存在，其项目、数量、规模具有相对的不稳定性，定位也较自由，后者承担一定的社会责任，由于受政府部门管理，稳定性相对强些。

第二，社会民助型公共建筑中有些对环境有一定的干扰或影响，如农贸市场、娱乐场所等建筑，宜在居民点内相对独立的地段设置。

（二）居民点公共建筑的规划布置

公共建筑配置规模与所服务的人口规模相关，服务的人口规模越大，公共建筑配置的规模也越大。小区公共建筑配置的规模还与距城市及镇区距离相关，距城市、镇区的距离越远，小区公共建筑配置规模相应越大。同时，公共建筑配置规模与产业结构及经济发展水平相关，第二、三产业比重越大，经济发展水平越高，公共建筑配置规模就相应大些。由此看来，小区的公共建筑的配置，应因地制宜，结合不同乡镇的具体情况，分别进行不同的配置。

1. 小区公共建筑项目的合理定位

（1）新建小区公共建筑项目的定位方式如表 3-4 所示。

表 3-4　新建小区公共建筑项目的定位方式

项目	内　容
在小区地域的几何中心成片集中布置	此方式服务半径小，便于居民使用，利于居民点内景观组织，但购物与出行路线不一致，再加上位于小区内部，不利于吸引过路顾客，一定程度上影响经营效果。在居民点中心集中布置公共建筑的方式主要适用于远离乡（镇）交通干线，更有利于为本小区居民服务
沿小区主要道路带状布置	此方式兼为本区及相邻居民和过往顾客服务，经营效益较好，有利于街道景观组织。但居民点内部分居民购物行程长，对交通也有干扰。沿小区主要道路带状布置公共建筑主要适合于乡（镇）主要街道两侧的小区
在小区道路四周分散布置	此方式兼顾本小区和其他居民使用方便，可选择性强。但布点较为分散，难以成规模，主要适用于居民点四周，为镇区道路的居民点
在小区主要出入口处布置	此方式便于本小区居民上下班使用，也兼为小区外的附近居民使用，经营效益好，便于交通组织，但偏于居民点的一角，对规模较大的小区来说，居民到公共建筑中心远近不一

（2）旧区改建的公共建筑定位。居民点若改建，可参照定位方式，对原有的公共建筑布局作适当调整，并进行部分改建和扩建，布局手法要有适当的灵活性，以方便居民使用为原则。

2. 公共建筑的几种布置形式

（1）带状式步行街。如图 3-1 所示，这种布置形式经营效益好，有利于组织街景，购物时不受交通干扰。但较为集中，不便于就近零星购物，主要适合于商贸业发达、对周围地区有一定吸引力的小区。

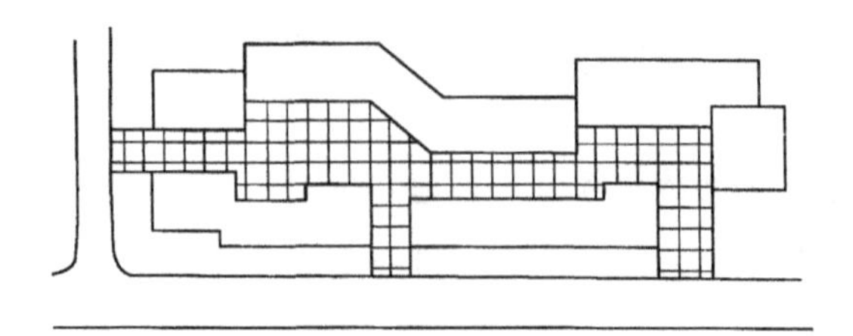

图 3-1　带状式步行街

（2）环广场周边庭院式布局。如图 3-2 所示。这种布局方式有利于功能组织、居民使用及经营管理，易形成良好的步行购物和游憩的环境，一般采用的较多。但因其占地较大，若广场偏于规模较大的居民点的一角，则居民行走距离长短不一。适合于用地较宽裕，且广场位于乡（镇）的居民点中心。

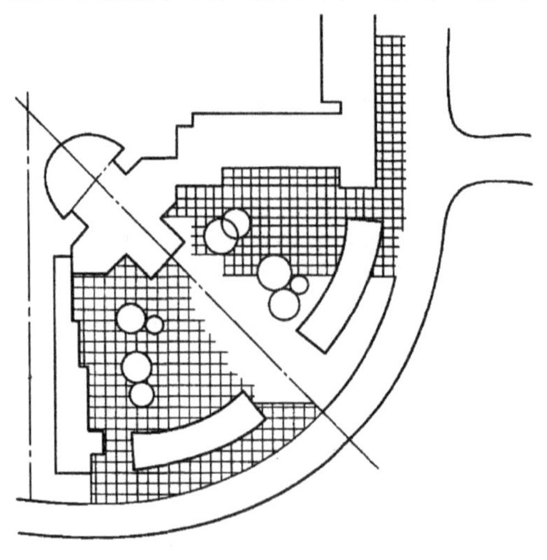

图 3-2　环广场周边庭院式布局

（3）点群自由式布局。一般来说，这种布局灵活，可选择性强，经营效果好。但分散，难以形成一定的规模、格局和气氛。除特定的地理环境条件外，一般情况下不多采用。

第三节　美丽乡村建设与绿地、道路规划

一、美丽乡村居民点绿地的规划

（一）居民点绿地系统的组成和绿化标准

1. 居民点绿地的组成

乡（镇）居民点的绿地系统由公共绿地、专用绿地、宅旁和庭院绿地、道路绿地等构成。各类绿地所包含的内容如表3-5所示。

表3-5　居民点绿地的组成及其内容

项目	内　容
公共绿地	指居民点内居民公共使用的绿化用地。如居民点公园、林荫道、居住组团内小块公共绿地等，这类绿化用地往往与居民点内的青少年活动场地、老年人和成年人休息场地等结合布置
专用绿地	指居民点内各类公共建筑和公用设施等的绿地
宅旁和庭院绿地	指住宅四周的绿化用地
道路绿地	指居民点内各种道路的行道树等绿地

2. 居民点绿地的标准

居民点绿地的标准，是用公共绿地指标和绿地率来衡量的。居民点的人均公共绿地指标应大于1.5平方米/人；绿地率（居民点用地范围内各类绿地的总和占居民点用地的比率）的指标应不低于30%。

（二）居民点绿地的规划布置

1. 小区绿地规划设计的基本要求

（1）根据居民点的功能组织和居民对绿地的使用要求，采取集中与分散、重点与一般，点、线、面相结合的原则，以形

成完整统一的居民点绿地系统，并与村、镇总的绿地系统相协调。

（2）充分利用自然地形和现状条件，尽可能利用劣地、坡地、洼地进行绿化，以节约用地，对建设用地中原有的绿地、湖河水面等应加以保留和利用，以节省建设投资。

（3）合理地选择和配置绿化树种，力求投资少，收益大，且便于管理，既能满足使用功能的要求，又能美化居住环境，改善居民点的自然环境和小气候。

2. 绿地规划布置的基本方法

（1）"点""线""面"相结合。以公共绿地为点，路旁绿化及沿河绿化带为线，住宅建筑的宅旁和宅院绿化为面，三者相结合，有机地分布在居民点环境之中，形成完整的绿化系统。

（2）平面绿化与立体绿化相结合。立体绿化的视觉效果非常引人注目，在搞好平面绿化的同时，也应加强立体绿化，如对院墙、屋顶平台、阳台的绿化，棚架绿化以及篱笆与栅栏绿化等。立体绿化可选用爬藤类及垂挂植物。

（3）绿化与水体结合布置，营造亲水环境。应尽量保留、整治、利用小区内的原有水系，包括河、渠、塘、池。应充分利用水源条件，在小区的河流、池塘边种植树木花草，修建小游园或绿化带；处理好岸形，岸边可设置让人接近水面的小路、台阶、平台，还可设花坛、座椅等设施；水中养鱼，水面可种植荷花。

（4）绿化与各种用途的室外空间场地、建筑及小品结合布置。结合建筑基座、墙面，可布置藤架、花坛等，丰富建筑立面，柔化硬质景观；将绿化与小品融合设计，如坐凳与树、池结合，铺地砖间留出缝隙植草等，以丰富绿化形式，获得彼此融合的效果；利用花架、树下空间布置停车场地；利用植物间隙布置游戏空间等。

（5）观赏绿化与经济作物绿化相结合。乡（镇）居民点的绿化，特别是宅院和庭院绿化，除种植观赏性植物外，还可结合地方特色种植一些如药材、瓜果和蔬菜类的花和植物。

（6）绿地分级布置。居民点内的绿地应根据居民生活需要，与小区规划组织结构对应分级设置，分为集中公共绿地、分散公共绿地，庭院绿地和宅旁绿地四级。

（三）居民点绿化的树种选择和植物配置

在选择和配置居民点绿化植物时，原则上应考虑以下几点。

（1）居民点绿化是大量而普遍的绿化，宜选择易管理、易生长、省修剪、少虫害和产于当地、具有地方特色的优良树种，一般以乔木为主，也可考虑一些有经济价值和药用价值的植物。在一些重点绿化地段，如居民点的入口处或公共活动中心，则可先种一些观赏性的乔、灌木或少量花卉。

（2）要考虑不同的功能需要，如行道树宜选用遮阳力强的阔叶乔木，儿童游戏场和青少年活动场地忌用有毒或带刺植物，而体育运动场地则避免采用大量扬花、落果、落花的树木等。

（3）为了使居民点的绿化面貌迅速形成，尤其是在新建的居民点，可选用速生和慢生的树种相结合，以速生树种为主。

（4）居民点绿化树种配置应考虑四季景色的变化，可采用当地常用的乔木与灌木，常绿与落叶以及不同树姿和色彩变化的树种搭配组合，以丰富居民点的环境。

二、美丽乡村居民点道路的规划

（一）居民点道路分级及功能

乡（镇）居民点道路系统由小区级道路、划分住宅庭院的组群级道路、庭院内的宅前路及其他人行路 3 级构成。其功能如下。

1. 小区级道路

小区级道路是连接居民点主要出入口的道路，其人流和交通运输较为集中，是沟通整个小区性的主要道路。道路断面以块板为宜，辟有人行道。在内外联系上要做到通而不畅，力戒外部车辆的穿行，但应保障对外联系安全便捷。

2. 组群级道路

组群级道路是小区各组群之间相互沟通的道路。重点考虑消防车、救护车、住户小汽车、搬家车以及行人的通行。道路断面以块板为宜，可不专设人行道。在道路对内联系上，要做到安全、快捷地将行人和车辆分散到组群内并能顺利地集中到干路上。

3. 宅前路

宅前路是进入住宅楼或独院式各住户的道路，以行人为主，还应考虑少量住户小汽车、摩托车的进入。在道路对内联系中要做到能简捷地将行人输送到支路上和住宅中。

（二）居民点道路系统的基本形式

居民点道路系统的形式应根据地形、现状条件、周围交通情况等因素综合考虑，不要单纯追求形式与构图。居民点内部道路的布置形式有内环式、环通式、尽端式、半环式、混合式等，在地形起伏较大的地区，为使道路与地形紧密结合，还有树枝形、环形、蛇形等。

居民点道路系统的常见形式和特点，如表 3-6 所示。

表 3-6　居民点道路系统的常见形式的特点

形式	特　点
环通式	环通式的道路布局是目前普遍采用的一种形式，环通式道路系统的特点是：居民点内车行和人行通畅，住宅组群划分明确，便于设置畅通的工程管网。但如果布置不当，则会导致过境交通穿越小区，居民易受过境交通的干扰，不利于安静和安全

（续表）

形式	特 点
尽端式	尽端式道路系统的特点是：可减少汽车穿越干扰，宜将机动车辆交通集中在几条尽端式道路上，步行系统连续，人行、车行分开，小区内部居住环境最为安静、安全，同时可以节省道路面积，节约投资。但对自行车交通不够方便
混合式	混合式道路系统是以上两种形式的结合，发挥环通式的优点，以弥补自行车交通的不便，保持尽端式安静、安全的优点

（三）居民点道路系统的布置方式

1. 车行道、人行道并行布置

（1）微高差布置。人行道与车行道的高差为30厘米以下，如图3-3所示。这种布置方式行人上下车较为方便，道路的纵坡比较平缓。但大雨时，地面迅速排出水有一定难度，这种方式主要适用于地势平坦的平原地区及水网地区。

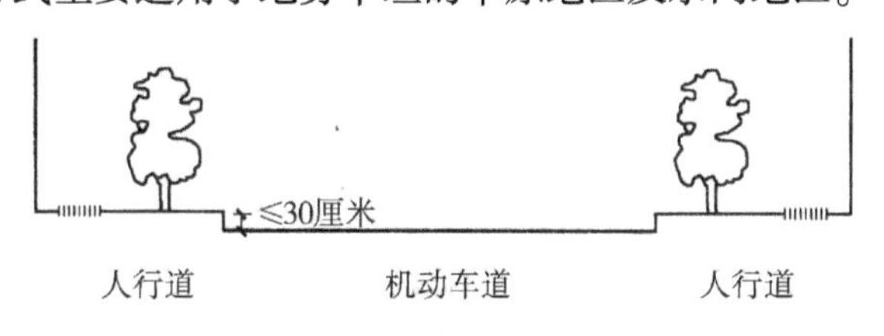

图3-3 微高差布置

（2）大高差布置。人行道与车行道的高差在30厘米以上，隔适当距离或在合适的部位设梯步，将高低两行道联系起来，如图3-4所示。这种布置方式能够充分利用自然地形，减少土石方量，节省建设费用，且有利于地面排水。但行人上下车不方便，道路曲度系数大，不易形成完整的居民点的道路网络，主要适用于山地、丘陵地的居民点。

（3）无专用人行道的人车混行路。这种布置方式已为各地居民点普遍使用，是一种常见的交通组织形式，比较简便、

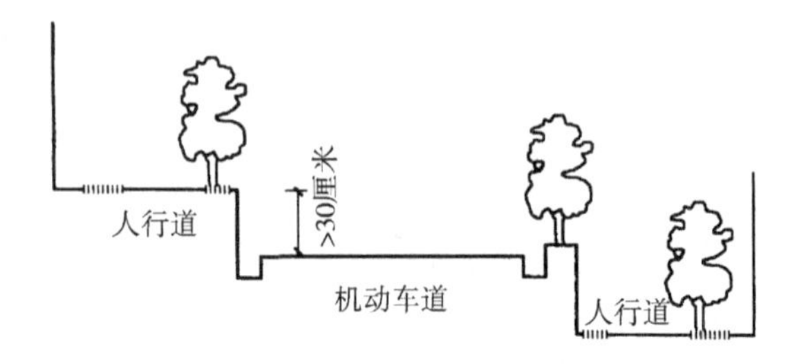

图 3-4　大高差布置

经济，但不利于管线的敷设和检修，车流、人流多时不太安全。此类主要适用于人口规模小的居民点的干路或人口规模较大的居民点支路。

2. 车行道、人行道独立布置

独立布置这种方式应尽量减少车行道和人行道的交叉，减少相互间的干扰，应以并行布置和步行系统为主来组织道路交通系统，但在车辆较多的居民点内，应按人车分流的原则进行布置。适合于人口规模比较大、经济状况较好的乡（镇）居民点。

（1）步行系统。由各住宅组群之间及其与公共建筑、公共绿地、活动场地之间的步行道构成，路线应简捷，无车辆行驶。步行系统较为安全随意，便于人们购物、交往、娱乐、休闲等活动。

（2）车行系统。道路断面无人行道，不允许行人进入，车行道是专为机动车和非机动车通行的，且自成独立的路网系统。当有步行道跨越时，应采用信号装置或其他管制手段，以确保行人安全。

第四节　美丽乡村建设与排水规划

一、资料收集与处理模式的选择

（一）资料收集

规划村庄排水现状资料，包括污水组成与水质、污水量、室内污水设施情况、污水排放方式、排放水体、污水综合利用需求、污水处理设施及其运行管理、管网建设情况。

规划村庄相关资料，包括总体规划、建设规划、专项规划等。

规划村庄水体环境评价报告收集。

（二）排水范围

排水范围指村庄总体规划所包括的农村居民生活的聚居区域内的工程排水范围。

（三）排水量与规模预测

1. 规划排水量

规划排水量是指农户排放的可收集的污水量，即通过污水系统可收集的污水量。

农村排水根据其来源和性质，可分为 3 类，即生活污水、工业废水和降水。

（1）生活污水。生活污水是指居民日常生活活动中所产生的污水。其来源为住宅、工厂的生活污水和学校、商店等公共场所等排水的污水。

生活污水量一般可采取与农村生活用水量相同的定额，若室内卫生设施不完善，流入污水管网的生活污水远远少于用水量。污水量与用水量一样，是根据卫生设备情况而定的。综合生活污水量宜根据其综合生活用水量乘以排放系数 0.60~0.80

来确定。生活污水量总变化系数，随污水平均日流量而不同，其数值为1.2~2.3；污水流量越大，总变化系数越小。

（2）工业废水。工业废水包括生活污水和生产废水（指有轻度污染的废水或水温升高的冷却废水）两种。工业废水量根据乡（镇）企业的设备和生产工艺过程来决定，这要由工厂提供数据。

（3）降水。降水包括地面径流的雨水和冰雪融化水。降水量可根据降雨强度、汇水面积、径流系数计算而得。

2. 污水排放量预测

污水排放量预测应依据人口、工业产值等社会经济指标，选择适当的模型与方法，如回归分析法、系统动力学法、ARMA模型、灰色预测模型、BP人工神经网络、指标分析法、排水量等，测算村庄生活污水排放量。

亦可根据污染物排放量与供水量之间的关系推求规划水平年的污水排放量，即由综合用水量（平均日）乘以污水排放系数再求和确定。通常排放系数为0.6~0.8。

（四）污水排放量和水质特点分析

1. 污水排放量特点

污水排放量的大小与当地的经济条件、气候条件、生活习惯、卫生设备的采用密切相关。由于负担的排水面积小，总污水量较小，一天内的水量水质变化幅度较大，频率较高。污水排放特点与村庄居民用水集中时间有关，一天中的中午与18时左右为高峰，午夜为低谷。整体来说，村庄污水排放量小，排放呈间歇性，即污水流量变化系数大，一般达到3~6。

2. 污染物成分分析

排放的污水包括厨房污水、洗盥污水、洗涤污水、粪便污水，其水质的特点为SS浓度和COD浓度大、氮磷浓度高、可生化性高、有机物易降解。

（五）处理模式的选择

结合村庄布局特点，主要采用5种形式，即联村合建、集中处理、分散处理、单户处理和接入城（镇）污水管网。

1. 联村合建

在村庄集聚程度较高、环境敏感地区、水环境容量有限区域及处于水源保护区内、水源匮乏考虑污水回用的地区，宜采用联村合建污水系统。

2. 集中处理

主要针对住户集中、经济富裕、地势平坦的村庄，修建污水管网将村庄污水统一收集，集中处理，达标后统一排放或综合利用。

3. 分散处理

根据当地地形，以河沟、坎丘、山冈等地物为界，自流就近收集，分散处理。尽量减少输送污水管渠的长度，以节省管渠造价，因为在污水处理工程投资中，管道造价所占比例很大。

4. 单户处理

每家每户建造一个污水处理设施，家庭产生的粪便水与生活废水则通过污水处理设施进行处理。彻底避免了建造高耗资的下水道系统来对粪尿及生活废水进行远距离输送和集中处理，节省了成本。也可结合家庭沼气池合建，实现家庭沼气的综合利用。局限是人与污水、废水及湿地过于接近，人居环境会受到一定的影响，各家各户需要一定的维护、管理知识和技能。

5. 接入城镇污水管网

处于城镇边缘或城镇内部的村庄，污水可就近排入城镇污水管网，实行统一处理。

（六）排水体制规划

村庄排水体制的选择应结合当地经济发展条件、自然地理条件、居民生活习惯、原有排水设施以及污水处理和利用等因素综合考虑确定。新建村庄、经济条件较好的村庄，宜选择建设有污水排水系统的不完全分流体制，或有雨水、污水排水系统的完全分流体制。经济条件一般且已经采用合流制的村庄，在建设污水处理设施前，应将排水系统改造为截留式合流制或分流制，远期应改造为分流制。

1. 完全分流制

完全分流制具有污水和雨水两套排水系统，污水排至污水处理设施进行处理，雨水通过独立的排水管渠排入水体。

2. 不完全分流制

不完全分流制是只有污水系统而没有完全的雨水系统。污水通过污水管道进入污水处理设施进行处理；雨水自然排放。

3. 截留式合流制

截留式合流制是在污水进入处理设施前的主干管上设置截流井或其他截流措施。晴天和下雨初期的雨污混合水输送到污水处理设施，经处理后排入水体；随着雨量增加，混合污水量超过主干管的输水能力后，截流井截流部分雨、污混合水直接排入水体。

二、污水处理厂厂址的选择

（一）村庄污水受纳体的选择

村庄污水受纳体指接纳村庄雨水和达标排放污水的地域，包括受纳水体与受纳土地。受纳水体是天然江、河、湖、海和水库、运河等地表水体；受纳土地是指荒废地、劣质地、山地、空闲池塘、低洼土地以及受纳农业灌溉用水的农田等土地。

污水受纳水体应满足其水域的环境保护要求，有足够的环境容量，雨水受纳水体应有足够的排泄能力或容量；受纳土地应具有环境容量，符合环境保护和农业生产的要求。

（二）污水处理站的选择

排水工程中的污水处理站应结合村域范围，综合确定厂址位置。通常选择在村庄水体的下游，与居住小区或公共建筑物之间有一定的卫生防护地带，卫生防护地带一般采用 300 米；处理污水用于农田灌溉时宜采用 500~1 000米；选在村庄夏季最小频率风向的上风侧；选在村庄地势低的地区，有适当的坡度，满足污水在处理流程上的自流要求；宜选在无滑坡、无塌方、地下水位低、土壤承载力较好（一般要求在 15 千克/平方厘米以上）地区。不宜设置在不良地质地段和洪水淹没、内涝低洼地区；尽量少占用或不占用农田。

三、污水处理工艺

（一）污水处理与利用规划

水资源不足的地区宜合理利用经处理后符合标准的污水作为河湖景观用水或农田灌溉用水，执行《农田灌溉水质标准》和《再生水回用于景观水体的水质标准》。未被利用的污水应经处理达标后排入受纳水体，污水应符合《污水综合排放标准》的要求。污水排入水体时应结合受纳水体的环境容量，按污染物总量控制与浓度控制相结合的原则确定处理程度。

（二）污水处理工艺技术选择

处理污水应因地制宜，选择经济、节能、稳定、有效、易维护的污水处理工艺。处理工艺有两种：一种为以采用自然净化系统为主，辅以必要的配套设施，尽量减少污水工程的基建投资；另一种为集成一体化污水处理设备。

1. 工艺选择原则

净化工艺的选定以能在当地持续长期运行的永久性工程为出发点，应维护管理简单，便于长效管理。净化水质宜符合当地的排放标准，包括在雨季或冬季等不利时期，全年均能保证当地居民的身体健康和环境质量。净化工程不宜对周围环境构成二次危害，防止土壤板结，影响植物生长，应避免散发臭气，影响周围居民生活。

2. 污水处理技术

自然净化系统主要分土地处理系统、稳定塘处理系统和湿地处理系统三大类。土地处理系统主要由土壤层作为净化介质，包括地表渗滤和地下渗滤。稳定塘处理系统主要由藻菌共生生物体作为净化手段，包括好氧塘、兼性塘和厌氧塘。湿地处理系统是由土壤层、藻菌浮游生物和水生植物作为净化手段，包括表流湿地和潜流湿地。经国内外大量工程实践证实，在有效管理下自然净化系统可保护居民的身体健康和环境质量。上述3类自然净化系统的净化机理各有特点，在开发和应用有关自然净化系统时，应结合当地的地质、气候和地形等自然条件，慎重选用。

随着自动化程度的提高和设备集成化的飞速发展，小型污水处理集成化设备逐渐成为村庄污水处理工程的首选，它具有自动化、耗电少、易维修、占地小、投资低等突出优点。常用的污水处理工艺主要有无动力厌氧技术、微动力好氧技术等。具体如生物接触氧化法、膜生物反应器工艺（MBR）、组合式地埋曝气处理工艺、CASS/SBR技术等。

3. 污水处理工艺分区域对比选择

污水处理工艺选择主要有两个约束条件：温度与占地面积。由于污水处理工艺大多采用生物处理，温度是制约因素之一。中国南方、北方农村分布布局不同，北方分散，南方相对集中，是否采用自然净化处理（人工湿地），占地面积也是污水处理工艺选择的主要约束条件。

第五节　美丽乡村建设与供电规划

一、村庄电力负荷预测分析

（一）村庄电力负荷预测概念

村庄电力负荷是指供电区域范围内有支付能力的用户对电力的需求量。农村电力负荷预测结果是农村供电规划的依据。因此应充分掌握村庄历年用电量和负荷变化的情况，研究村庄电力负荷变化规律，合理地选择预测方法，使预测值的准确度满足相应规划的要求。

（二）村庄电力负荷预测内容

村庄电力负荷预测内容包括规划期目标的用电量、最大有功负荷和无功负荷及其分布。此外，对电源节点与主干线的年、季、日负荷曲线的主要特征也应作出相应的估算。

村庄的负荷预测可分区、分行业、分电压进行。按电压层次预测或预测全区总负荷，应计入本级及以下各级电网的网损。

村庄电力负荷预测需要收集的资料与采用的分析方法有关，包括以下内容。

（1）村庄所属乡（镇）总体规划中的有关指标和村庄新增重大项目的用电规划。

（2）本地区用电负荷历史资料和与用电有关的其他统计（如经济、人口、气象、水文）资料等。

（3）上级电力系统规划中与本地区电网有关部分的资料。

（4）村庄内用电大户负荷预测的参考资料。

（三）电力负荷预测方法

1. 总量预测

影响农村电力负荷预测的因素有很多，预测农村电力负荷又有许多不确定性。目前应用于电力负荷总量预测的方法主要包括：线性回归法、非线性回归法、人工神经网络法、弹性系数法。表3-7概括了部分常用农村电力负荷预测方法的特点和要求。

表3-7　常用农村电力负荷预测方法的特点和要求

方法	特点	要求
线性回归法	假设自变量与因变量之间存在线性关系	为变量收集历史数据，此项工作是预测中最费时的
非线性回归法	假设因变量与一个自变量或多个其他变量之间存在某种非线性关系	需要收集历史数据，并用几个非线性模型试验
人工神经网络法	因变量与一个或多个自变量之间存在某种非线性关系	需要大量历史数据进行模型试验
弹性系数法	主要考虑经济增长和电力增长的关系	需要收集弹性系数的历史资料

2. 空间电力负荷预测

空间电力负荷预测是村庄电网规划的重要内容，空间电力负荷预测不仅可以预测未来需求的电量，而且还可以提供电力需求及其增长的位置信息，即当前和未来电力需求的空间分布。只有确定了供电区域内负荷的空间分布，才能对变电站的位置、容量、馈线的型号、路径、开关设备的装设以及他们的投入时间等决策变量进行规划。

我国村庄之间由于经济、气候、生活习惯差异巨大，以及负荷密度的资料收集研究较少，尚无规范的负荷密度用电指标，参考城镇分类综合用电指标拟定村庄分类综合用电指标，具体如表 3-8 所示。

表 3-8　农村分类综合用电指标（参考）

用地分类及其代号			综合用电指标（瓦/平方米）	备注
居住用地	一类居住用地	高级住宅别墅	25~40	按每户 2 台及以上空调、2 台热水器、洗衣机、电灶，家庭全电气化
	二类居住用地	中级住宅	15~25	按有空调、电热水器、电灶，家庭基本电气化
	三类居住用地	普通住宅	10~15	无空调、电热水器，一般电气化
公共设施用地	行政办公用地		15~20	村委会
	商业金融用地		20~30	超市、商店、电信营业厅
	文化娱乐用地		15~25	老年活动中心
	医疗、卫生		15~25	医疗所
道路广场	道路		0.5~1	
	广场		1~2	

二、电源规划

电源规划是指村庄利用小水电站、小型太阳能电站、风能电站和其他能源进行农村电源建设，增加村庄电力供应。

（一）小型水电站

通常的大型水电属于传统能源，而小水电属于新能源。国家在颁布的《可再生能源法》鼓励包括小水电在内的可再生能源的开发。我国水电资源丰富，特别是广大农村和偏远山区可根据水电资源情况，规划小型水电站，提高地区用电质量。我国小水电资源主要分布在湖南、湖北、广东、广西、河南、浙江、福建、江西、云南、四川、新疆、西藏等地。这些省份可开发的小水电资源约占全国的 90%。

（二）太阳能电源

太阳能是一种新兴的可再生清洁能源，但目前利用太阳能发电还存在成本高、转换效率低的问题。规划太阳能发电电源仅适用于电网尚未延伸到且无法采取其他能源发电的地区，或具备太阳能发电优势的地区。

我国太阳能资源最丰富的地区，年太阳辐射总量为 6 680~8 400兆焦/平方米，相当于日辐射量 5.1~6.4 千瓦时/平方米。这些地区包括宁夏北部、甘肃北部、新疆东部、青海西部和西藏西部等地。尤以西藏西部最为丰富，最高达 2 333千瓦时/平方米（日辐射量 6.4 千瓦时/平方米），居世界第二位，仅次于撒哈拉大沙漠。

（三）风能电源

风能具有使用经验丰富、产业和基础设施发展较成熟、发电成本低于太阳能、无限可再生等优点。但同时也存在地区环境限制、间歇性、能量存储成本高等缺点。村庄风能电源的规划仅适用于电网无法延伸到或具备风能发电优势的地区作为补充电源。

中国东南沿海及附近岛屿的风能密度可达 300 瓦/平方米以上，3~20 米/秒风速年累计超过 6 000小时。内陆风能资源最好的区域，沿内蒙古至新疆一带，风能密度也在 200~300 瓦/平方米，3~20 米/秒风速年累计 5 000~6 000小时。这些地区适于发展风力发电。

三、电网规划

电网规划节约是最大的节约。在电力系统迅速发展的背景下，电网规划对于提高供电质量、供电经济性和安全性显得越来越重要，电网规划应该体现安全、经济、可靠这 3 个目标。

（一）电网电压等级和供电半径

村庄电网电压等级应符合国家电压标准的规定，中压配电电压等级为 110 千伏、35 千伏或 10 千伏，低压配电电压为 380 伏。

村庄电网应简化电压等级，减少变压层次，优化网络结构。村庄电网中的最高一级电压，应根据所属供电区电网远期的规划负荷量和村庄电网与地区电力系统的连接方式确定。

对现有村庄电网存在的非标准电压等级，应采取限制发展、合理利用、逐步改造的原则。

（二）供电可靠性

供电可靠性是指电网设备停用时，对用户连续供电的可能程度。

发达地区农村电网中重要的电源变电所可采用供电安全 N-1准则。一般的农村电网变电所、中压配电网和低压配电网的配电线路和配电变压器可不采用安全供电 N-1准则。

农村电网满足用户用电的程度应逐步提高，逐步缩短用户停电时间。其主要措施是：提高线路、设备的健康水平和技术水平，采用必要的切出故障的自动装置，加强故障检测，提高维护水平等。

（三）供电设施

1. 变电所选址应满足下列要求

接近负荷中心；交通方便，便于施工、检修及进出线的布置；充分利用荒地，少占农田，利用自然地形进行有效排水；避开易燃易爆及污染严重地区；根据发展规划预留扩建的位置，占地面积应考虑最终规模要求。

2. 变电所布置

宜采用全户外或半户外布置，有条件的地区宜按照无人值班方式设计。变电所规划用地面积控制指标可根据表 3-9 选定。

表 3-9　变电所规划用地面积控制指标

变压等级（千伏）一次电压/二次电压	主变压器容量［（千伏安）/台（组）］	变电所结构形式及用地面积（平方米）	
		户外式用地面积	半户外式用地面积
110（66/10）	20～63/2～3	3 500～5 500	1 500～3 000
35/10	5.6～31～5/2～3	2 000～3 500	1 000～2 000

3. 变电所建筑设计

位于村庄内的变电所建筑设计应与环境协调，符合安全、经济、美观、节约占地的原则。

4. 变电所采用新技术

应选用功能完备、质量好、维护少、检修周期长的设备，提高电网装备水平。

5. 变压器

应采用低损耗电力变压器，如非晶合金铁芯变压器。容量 315 千伏安以下配电变压器宜采用架空变压器台，变压器台架宜按最终容量一次建成；315 千伏安及以上配电变压器可采用低式布置。附近有严重污染及其他危及设备安全运行的情况，不适合设置露天变压器台的地方，宜采用室内配电所或箱式变电站。

另外，同一电源的多回架空配电线路应同杆架设。中压架空配电线路宜选用钢芯铝绞线或铝绞线，村镇内的线路也可选用架空绝缘导线。主干线截面应按远期规划一次选定，不宜小于 70 平方毫米。

农村电网中各级配电线路不宜采用电缆线路。发达地区个别特殊地段确实需要采用电缆线路时，应符合《城市电力网规划设计导则》的规定。

第六节　美丽乡村建设与景观建设

一、建筑景观规划

建筑本身既是一种文化的现象，也是文化的载体。乡村聚落建筑作为人居的物质实体，深受传统文化中“天人合一”美学思想影响，表现出自然适应性、社会适应性和人文适应性的美学特征。

建筑景观是乡村聚落景观中唯一的硬质实体景观，是组成乡村聚落的肌肉。建筑的不同组合方式形成了乡村不同的肌理建筑多姿的色彩，给乡村增加了更多的生命力和活力，不同的建筑样式，是乡村历史文化的精神传承。

（一）布局规划

建筑的布局形式通常根据地形地势和交通来进行布置。建筑的主朝向为南北向，便于采光和通风。乡村住宅的布局形式主要有行列式、周边式、混合式 3 种，此外还有自由式等布局。

1. 行列式

行列式是指住宅连排建造，按照一定的朝向和合理间距成排成行的布置。但是在建设过程中，要避免“兵营式”布局，可以通过建筑的不同组合来打破平直的线条，做出适当的变异。例如建筑朝向的角度、辅助建筑的介入等，都能够达到良好的形态环境和景观效果。这样布局的特点是日照和通风条件优越。在我国大部分地区，这种布置形式可以使每家住户都能获得良好的日照和通风条件，布置道路、各类管线比较容易，施工方便。

2. 周边式

周边式是指建筑沿街道、场院或者池塘进行布置的形式。这种形式的内聚性比较强，有明确的内向空间，公共的院落内比较安静。公共院落可以组织成公共游憩的地方，有利于邻里交往。但是东西朝向的房间，光照不足，一般作为储藏或其他用处。这种布局的主要特点是院落较为明显，有明确的领域，冬季有很好的防风效果。

3. 混合式

混合式布局就是将行列式与周边式结合，不过通常会被理解为行列式的变形。这种布局较为灵活，兼有以上两种形式的优点，只是东西向的房间不是很好利用，所以一般将其用作公共设施。

还有散点的布局形式，形式灵活，但容积率低，比较适合丘陵地带的乡村。

乡村建筑布局规划，应该以上述 3 种基本布局形式为主，结合现有的乡村自然条件，提高居住的容积率，设置村庄的绿化和公共活动空间。规划中应该立足现状，以现存较好的建筑为规划基础，对其他建筑做出修整。

根据村庄自身的特色，可将村庄内的住户分为几个组团，通过不同的建筑布局形式进行组合，提高容积率，增加乡村中的绿化和公共活动空间。

（二）色彩规划

在建筑艺术中，色彩是建筑物最重要的造型手段之一，色彩也是建筑造型中最易创造气氛和传达感情的要素。色彩实验证明，在人们观察物体时，首先引起视觉反应的就是色彩，当人最初观察物体时，视觉对色彩的注意力约占 80%，而对形状的注意力占 20%。由此可见，在建筑造型中，色彩与其他造型要素相比，具有独特的作用和效果。同样，色彩也是美化乡村的重要手段，是乡村景观的重要因素之一，反映了现代乡村的物质文明。色彩是表现乡村空间性格、环境气氛，创造良好景观效果的重要手段，适当的色彩处理可以为空间增加识别性，也可以使空间获得和谐、统一的效果。每个乡村在它发展前进过程中，因其社会和自然条件的原因，形成了独特的并为人们喜爱的色调。乡村建筑群体色彩构造了乡村的独特风貌。建筑的用色要考虑乡村所在地区的气候、民族习惯和周围的环境，要求统一性与变化性相结合。建筑物间的色调要和谐，给人以亲切、柔和、明快的感受。色相宜简不宜杂，明度易亮不宜暗，色彩宜浅不宜深。整个居住区既要有统一的色彩基调，同时又要五彩纷呈。在建筑主体色彩统一的基调上，对建筑细部如门窗、屋檐、阳台可选用多种色彩，以丰富空间色彩。

乡村建筑和城市住宅建筑的用色相差不大，色相选择仍然以暖色调为主，明度搭配以中高调为主。由于乡村环境的影响，乡村建筑的颜色显得相对质朴，有的建筑色彩甚至有点单调。因为个人的喜好不同，乡村的建筑也是五彩纷呈。

过去绝大部分乡村由于财力、物力、人力的限制，没有过多的装饰，直接显现原有材料的色彩。现代社会经济的发展使得乡村的色彩变得逐渐丰富。因而在乡村色彩规划上需要强调的是注意乡村传统色彩的传承和色彩的协调问题。自然存在的颜色几乎都能和环境很好地协调起来。暖棕色有助于使木制建筑融合于乡村半林地或稻田景观环境。灰白色是另一种可以放心使用的颜色。需要强调的是在一些建筑小构件上，可以少量的使用明亮的浅黄色、中国红或岩石的颜色。绿色差不多是所有颜色中最难以把握的，在一个特定的环境获得合适的绿色调十分困难，混合了其他不同颜色的树叶及其空隙和阴影加上屋顶的光学反射，使绿色的屋顶很难与周围环境协调。一般一个村庄中的用色都几近相似，以白色为主，而村庄中的建筑色彩的构成也以横向构图为主。

（三）装饰规划

自然条件的不同，驱使人们用自己的智慧来创造适宜的建筑形式，也就形成了建筑样式的多元化，因为乡村的经济条件有限，乡村建筑材料多就地取材，而形式多因气候因素而变化。北方因为天气寒冷，建筑墙体就较为厚重，南方则因为气候炎热，建筑比较轻盈，而且建筑空间选择大进深，以增加空气的流通性。

几千年的历史文明，使得中国传统建筑多姿多彩。但随着时代的进步，中国城市建筑在经历复古风与西化风的同时，乡村建筑也受到了一定影响。未曾走出国门的人们，对于欧式建筑多少会感到新鲜，于是在建筑中添加许多欧式建筑的元素，如柱廊、老虎窗等。但细细品味起来，在21世纪的今天，中国乡村出现的仿欧式建筑，既不是中国的又不是现代的，跟周边的中式建筑并列，着实不算和谐。我们应该在建筑的发展中，探求一种完全属于中国乡村的建筑风格，既可以表现传统乡村文化，又可以展现现代文明的影响；既保留乡土建筑的元素，又体现现代建筑的特色。

乡村聚落建筑在择地选址中，往往遵循风水古训和特殊信仰，表现出环境优选取向。在建造材料选择上，房舍建筑大多是就地取材，因材制宜发挥各地域的材料优势，形成独特的景观特色，突出表现在对材料的质感、肌理和色彩的处理上，使技术、经济、艺术相结合。在房屋形式的选择上，乡村聚落建筑极富民族和地域特色，如闽南的土楼、广西的麻栏、草原的蒙古包、西南的吊脚楼、傣家的竹楼、青海的庄巢、陕北的窑洞、高原的石碉房等，从对自然的尊崇到对自然的适应，体现了劳动大众聚居地最具有生态内涵的绿色建筑技术，也表明了乡村聚落建筑的美学与环境设计意识的内在联系，同时体现了中国传统建筑文化模式的形成、演化、扩散。在适应自然气候、调节室内环境方面，利用开敞的厅、堂、廊、院落、天井、风巷等建筑布局和构造措施，达到自然对流、通风、降温、采光、保暖等基本的生活功能要求，以绿色再生理念指导居住的组团布局与规模控制。因为人们的个人喜好不同，经济条件不同，而且没有基本的建筑形式标准，从而导致了建筑形式多元化，建筑景观参差不齐。现代乡村聚落建筑景观应具有简洁、明快、干净、利落的特点，这是人类文明和社会进步的需要，是现代工业社会高速度、快节奏生活的体现。现代化虽然能满足人们不断提高的物质生活方面的要求，但乡土味则可激起人们对大自然、对熟悉的自然环境和传统文化的亲切感。“现代”了，却失去了地域特色，会让建筑的外观显得浮躁和不安。在21世纪的今天，中国的建筑设计在经历了一段时间的彷徨之后，应该更关心设计的理念创新、技术创新和理论创新，在建筑的本质探索上有更新突破，形成自己的风格。

建筑的风格定位了乡村风貌的迥异，乡村离开了地域建筑艺术、建筑风格的引领，也就不容易表达地方特点。地域性才是建筑的基本前提和出发点，这就要求建筑设计要去挖掘和探讨建筑风格内在的含义与精神实质，对地理环境及乡土建筑特征有正确的判断，运用现代建筑乡土化乡土建筑现代化这一设计构思，使其相辅相成。现代建筑乡土化，或者说地域化，是指建筑利用现代的科学技术手段在传承地方文脉的基础上，创造有效多变的外在形象和有序空间，以形成建筑的独特性。对于乡土建筑的延续，要存其形、贵其神、得其益，形神兼备。建筑是以科学技术作为其物质存在的依据的，要充分利用现有的科学技术使节能化、智能化、生态化得以实现。湖北乡土建筑中的天斗、天井、亮瓦、封火山墙、灌斗墙等都是可以用来借鉴的，充分利用这些元素，形成一种特定地域建筑创作，使乡土建筑更具个性特色。

二、公共空间景观规划

（一）公共空间

公共活动空间可以结合村庄内部的晒场、打谷场进行设置，设计成运动场地、休闲场地等。在休闲场地和运动场地周围还可以结合乡村的公共绿地进行设计。例如，道路局部放大的开阔场地，在农忙时都可以作为打谷场、晒场。设置足够的农用生产空间，避免人们在乡村道路上晾晒粮食作物，造成交通隐患。另外，自家的庭院、屋顶都可以作为晒场。

同时晒场、打谷场所构成的大型开阔场地，是乡村主要的活动场所，承载了集体活动、文艺演出、剧场等娱乐功能。

（二）村口

乡村村口设计一般主要考虑自然现状、乡土建筑特色、地方材料、功能几个方面的因素。

中国乡村聚落大多受传统的“天人合一”的观念影响，多尊重自然，村口是乡村聚落中的一个组成部分，在其设计中也应该充分体现对于自然的考虑。

传统村口一般会结合村门、亭、廊、桥梁等进行设计，作为乡村入口的标志。村口的设计风格要与整个村庄的乡土建筑风格保持一致。

地方材料主要包括木材、瓦、石、草、竹等。以这些地方材料作为村口的设计元素，可让人们感受到朴素、淡雅、亲切的乡村风格和乡土气息。

任何一种空间单元的存在都有其自身的理由和价值，也都有对应的功能属性。村口从本意来讲，具有空间与形式双重意义，包含各方面的使用功能，如人、物、车等穿行功能，内外空间分割、衔接等过渡功能，乡村入口标示、乡村宣传等标志功能。

村口设计的面积和尺度不宜过大，起到乡村标示性和乡村宣传的作用即可。在设计中，要注意视线的通透性，保证人们在村口可以看到村庄的一角。有些开展乡村旅游的村庄，村口会结合停车场、商店、售票厅等辅助空间进行设计，面积和尺度相对较大。

三、水体景观规划

乡村聚落内水体应保障其使用功能，满足村庄生产、生活及防灾需要。严禁采用填埋方式废弃、占用乡村水体。乡村坑塘的使用功能包括旱涝调节、渔业养殖、农作物种植、杂用水、水景观及污水净化等。河道的使用功能包括排洪、取水和水景观等。坑塘整治对象主要指村庄内部与村民生产生活密切关联，有一定蓄水容量的低地、湿地、洼地等，既包括村内养殖、种植用的自然水塘，也包括人工采石、挖沙、取土等形成的蓄水低地。河道整治对象主要指流经村内的自然河道和各类人工开挖的沟渠。

（一）水资源利用系统

乡村聚落内的水循环系统大致分为两种：家庭型和企业型。在庭院面积许可的情况下，家庭的生活废水的处理可以选择修建小型池塘，或者庭院附近本身存在小型池塘，利用水生植物、水生蔬菜直接净化。同时池塘收集的雨水，可以用作庭院植物的浇灌。在池塘中，还可以喂养家禽、鱼类等，既增加庭院生产量，又可以净化池塘水资源。如果庭院面积不允许，则应该设置庭院明沟或暗沟排水，几户的生活废水汇合后，再做净化处理，或者以村为单位集中处理。净化后的水可以直接流入村庄水系，对村庄的地下水进行补给。

中小企业的工业污水应该集中处理达标后，流入村庄河流的下游。工业污水储水池应该做好防渗，以免污染地下水源。

（二）水体污染治理

乡村饮用水的取水来源已经慢慢转变为自来水，但仍然有许多村民直接饮用地下水。水资源的保护和规划，不仅仅是景观问题，更是关系人们生活健康的问题。只有改善乡村水域的环境污染和生态破坏，才能实现水域环境的可持续性，从而保障人们日常生活用水的健康。

根据中华人民共和国国家标准《村庄整治技术规范》（GB 50445—2008），作为乡村集中饮用水水源的取水口水系，应建立水源保护区。保护区内严禁一切有碍水源水质的行为和建设任何可能危害水源水质的设施。现有水源保护区内所有污染源应进行清理整治。作为生活杂用水的坑塘不得有污水排入。因此，生活污水应该通过渠道排入生活杂用水坑塘的下游或者与其分开，如表 3-10 所示。

表 3-10　不同功能水体控制标准

坑塘功能	最小水面面积（平方米）	河道宽度（米）	适宜水深（米）	水质类别
旱涝调节坑塘	50 000	—	0~0.1	Ⅴ
渔业养殖坑塘	600~700	—	>1.5	Ⅲ
农作物种植坑塘	600~700	—	1.0	Ⅴ
杂用水坑塘	1 000~2 000	—	0.5~1.0	Ⅳ
水景观坑塘	500~1 000	—	>0.2	Ⅴ
污水处理坑塘（厌氧）	600~1 200	—	2.5~3.0	—
污水处理坑塘（好氧）	1 500~3 000	—	1.0~1.5	—
行洪河道		自然		
生活饮用水河道		河道宽度	>1.0	Ⅳ
工业取水河道			>1.0	Ⅳ
农业取水河道			>1.0	Ⅴ
水景观河道			>0.2	Ⅴ

村庄采用氧化沟和稳定塘技术处理污水的，应该选择距离村庄不小于30米，并位于夏季主导风向下风向的坑塘。其周边应建设旁通渠，疏导汇流雨水直接排入下游水体。如果没有重污染的工业污水，可以采用生态净化系统来处理生活污水。通过自然沉降、加氧、暴晒、微生物、水生植物等来形成生态净化的系统。

水生植物可以直接吸收污水中可利用的营养物质，并可吸附、富集重金属及一些有毒有害物质，为根区的微生物的生长、繁殖等提供氧气。净化效果较好的水生植物有芦苇、香蒲、水葫芦、水花生、石菖蒲、灯芯草、水芋、风车草、美人蕉、水雍菜等，其中又以挺水植物为主，如芦苇、水芋、风车草等。

（三）水体景观营造

乡村水系景观在设计过程中，会牵涉很多方面的问题，要使景观设计取得较为理想的成效，应该遵循以下几条基本原则。

1. 尊重自然原则

水系的形成是一个自然循环和自然地理等多种自然力综合作用的过程，所以在进行河道水系整理时，应该根据乡村的汇水范围、整体流向，以系统的观点进行全方位的考虑，这是第一个层次。需要解决的问题有控制水土流失、调配水资源使用、治理水体污染、控制住宅或其他用地对水域面积的侵占等。

2. 自然生态原则

根据生态学原理，以自然河道为设计基础，保护生物多样性，增加景观异质性，强调景观个性，形成自然循环。构架乡村生境走廊，实现景观的可持续发展。保持自然线性，强调植物造景，运用天然材料，创造自然生趣，鼓励平易质朴，反对铺张奢华，达到“虽由人做，宛自天开”的艺术境界。

3. 综合兼顾原则

水系景观的设计，不仅仅是解决一个景观上的问题，还包括提高防洪能力，改善水域生态环境，改进河道可及性与亲水性，增加娱乐机会，提高滨水区域土地利用价值等一系列问题。靠近民宅的驳岸，一般硬质化较为严重，方便村民取水、用水。这里是人流集散较为集中的地方，人们在洗刷的时候，能够闲谈几句，因此这里就变成了村落内口耳相传的信息集散处。临近的人们在夏季也会来这里乘凉。因此，在水系规划时，应该留出一定的公共活动空间，设置休憩设施。

景观营造以自然、生态为设计主题，休憩设施可以选择自然的树墩、石凳，可以选择废弃的农用物品作为景观小品。台阶、汀步选择自然块石，驳岸应该选择人工自然驳岸与人工驳岸相结合。人工自然驳岸是生态驳岸的一种，既可以护堤抗洪，又可以增强水体自净，滞洪补枯、调节水位等。

四、绿色空间景观规划

（一）道路景观

乡村道路具有交通与生活双重功能，不仅承担着乡村的交通运输功能，同时还是邻里交往、休闲娱乐等社会生活的重要空间，同时它还是布置管线和给排水设施的场所。乡村道路宜曲不宜直，最好是顺应地势或者依傍水系，在满足行驶力学和人的视觉、心理的舒适性要求的基础上，根据地形设置道路的形态，力求自然。

乡村道路中除了宅前道路外，其他道路形式应该避免“断头路”，提高道路的通达性。乡村中的道路包括过境公路、乡村公路、宅前道路等多种形式。其中过境公路是乡村对外交通的纽带，道路红线宽度遵从总体规划，按照其规模确定宽度。其他则根据村庄整治技术规范以及实际情况确定道路宽度。乡村公路主要道路有时会结合过境公路，直接将过境公路作为乡村道路。普通情况下，乡村道路宽度不宜小于4.0米。宅前道路作为乡村的次要道路，宽度不宜小于2.5米。其他乡村小路，如宅间道路，宽度按其需要从0.5~2.5米不等。

道路铺装材料应因地制宜，多宜采用沥青混凝土路面、水泥混凝土路面、块石路面等形式，平原区排水困难或多雨地区的村庄，宜采用水泥混凝土或块石路面。宅间道路的铺装材料，适宜选用本土材料、建筑剩料、边料、自然石等，避免大量使用城市化铺装，以体现乡土特色为原则。

乡村中的道路，不仅仅只有交通功能，而是兼有观景、休闲散步、锻炼身体和邻里交往等功能，所以乡村中的道路还是一个活动场所，同时道路绿化是村庄连接外部的生态廊道。因而沿途绿化，给无机的道路添上有机的自然色彩，形成舒适的环境景观，是道路设计的另外一个要素。道路沿途的绿化设计，是通过有效的绿化设计改善沿线环境。例如，在设计中对树种的选择，不但要考虑树种的外形、尺寸、生长的适应性，还要考虑家畜对植物的影响以及行道树对周边景观的承接和供托作用。在乡村聚落内的道路绿化，还应考虑树种的滞尘、降音等作用。

1. 树种选择原则

植物的选择一般都具有浓郁的地域特色，多以当地乡土植物为主，不仅能达到适地适树的要求，而且代表了一定的地域风情和植被文化。对在本地适应性强的外来树种也可适当采用。要根据污染及该路段社会文化背景，选择抗污染能力强、易于管理、病虫害少的树种。

2. 植物配置原则

植物配置要符合司机行车及行人行走的安全，避免产生干扰。植物群落配置符合自然发展规律，以自然植物群落为基础，配置富于季相变化的人工植物群落。同时充分利用植物本身的特征，如树形、花色、叶色、枝、果等，再配合路段的文化特点，形成特定环境的景观效果。速生树种与慢生树种有机搭配，尽量满足近、远期规划的生态景观效果。

街道的发展与村庄的发展密切相关。一些小的村落仅有三五户或十几户人家，稀疏散落于地头田边。但是随着人口的增加，聚落规模逐渐扩大，住户密集程度不断提高，村民们由于交通联系的需要，就开辟出一条联系村落的道路。于是，后来的民居建筑就沿着交通线路兴建，所以村落的形态就渐渐形成。由于村落的形成是漫长的，因此乡村道路的形成也不是一蹴而就的。又因为建筑布置的自发性，建筑选址的自主性，自然村落的街道就不会像城市那样整齐，从而在形成的带状空间中空间组成较为丰富。村庄内的道路，或紧靠民居，或拓宽为广场，或与绿地相接。

道路在住宅的南面光照充足，推荐选择乔—草式种植。乔木选择落叶树种，夏季可以遮蔽一定的太阳光，为建筑内部营造凉爽的小气候，冬季可以获得温暖的阳光。

（二）庭院景观

乡村内的住宅庭院多数没有院墙的围绕，本来的私密空间已经完全暴露在公众的视线范围，私密空间已经成为一种心理空间范围。庭院空间已经失去了许多过去的功能，变成了房前屋后的心理界定空间。其实房前屋后的庭院景观便是最好的绿色空间。但是庭院内多数地面硬质化、庭院面积较小等问题，使得庭院的生产性降低，影响着庭院系统的生态循环。

根据《可持续发展视野下的农村庭院研究——以兰考贺村为例》的研究结果，庭院内的生产系统完全可以实现自身的可持续循环。通过多层、多级利用废物，使得生产系统的每一级生产过程的废物都变成另一级生产过程的原料，且各环节比例合适，使所有的废物均能充分利用。例如，动物粪便发酵后的沼气作为能源，沼液作为肥料养鱼或者浇灌菜园。通过时间、空间的多层次利用，充分利用光、热、水、土等资源。又如，利用蔬菜的季节性，使得菜地在时间上得到充分的利用。

如果庭院空间有限，或者将庭院硬质化，以作为晒场的农家，房前屋后的空间不足以进行生产时，可以考虑屋顶菜园。此类在武汉乡村中平屋顶比较多，但屋顶花园这种形式比较少见。在乡村中，屋顶空间经常作为晒场使用，但使用时间不长。可以使用屋顶空间作为蔬菜种植区域，既可以增加屋顶空间的使用率，又起到降温、改善小环境的作用。可以使用活动的箱子作为培植容器，这样既可以随时搬动，又很好地解决了屋顶花园的防渗漏问题。或者划出一定区域作为蔬菜栽培区，使用铁箱、砖等修筑种植槽。这些简单的材料制作的屋顶菜园耗资较低。有了屋顶菜园，既方便了人们的日常生活，又改善了建筑的小环境。但在建设屋顶菜园时，要考虑房屋的承重问题。

在刘娟娟的研究中，提出了改善环境系统的单层建筑理想种植模式，通过种植的布局引入夏季凉风，隔绝冬季寒风，捕捉有益的阳光，遮蔽西晒。在武汉的乡村内多数建筑为两层以上，因此在种植布局上，应该相应作出调整。同时结合屋顶空间，从三维立体空间对住宅的微气候进行调整。

住宅北面：风水学中讲究建筑“靠山”，种植常绿枝叶茂盛的乔木，树高应高于建筑高度，为建筑提供绿色大背景。配置方式以乔—灌结合，形成冬季风的阻隔屏障。

住宅南面：乡村内有较多的住宅，南面直接接触道路，应该考虑适当的退让。门前宜种植高大、枝干开展松散的落叶乔木。

住宅西面：多考虑用攀援性蔬菜进行墙面绿化，如丝瓜、黄瓜、葫芦等，或者选用造景小乔木。

住宅东面：种植矮灌木或者喜半阴的蔬菜。

住宅顶部：可以选择利用屋顶种植，夏季阻隔太阳的暴晒，降低室内气温；冬季阻隔寒气的进入，保持屋内温度。

在乡村新建的住宅中，已经将厕所设计在房屋建筑中，也有的保留了原有的室外厕所。尿粪分离式厕所和沼气式生态厕所比较适合乡村地区。生态厕所的建设，可以很好地进行堆肥，加入庭院生态系统循环；很好地解决厕所的环境卫生，改善庭院的环境景观。

在牲畜圈栏的处理上，要做到整洁，同时可以采纳“五山模式”中的“搭建凉棚，棚上种植葫芦、丝瓜”等模式。

五、历史文化村镇保护规划

（一）历史文化村镇基本概念

历史文化村镇是指“一些古迹比较集中或能较为完整体现出某一历史时期的传统风貌和民族地方特色的街区、建筑群、小镇、村寨等”。应根据它们的历史、科学、艺术价值，核定公布为当地各级“历史文化保护区”，予以保护。

历史文化村镇包含了已经批准公布的省级历史文化名镇和具有历史街区、历史建筑群、建筑遗产、民族文化、民俗风情特色的历史文化保护区的传统古镇（村）、其范围主要包括县城以下的历史文化古镇、古村及民族村寨。

（二）历史文化村镇基本特征

历史文化村镇基本特征如表3-11所示。

表3-11　历史文化村镇基本特征

项目	内　容
传统特征	众多的历史文化村镇和传统古镇历经千百年，历史悠久，遗存丰富，有浑厚的文化内涵，充分反映了城镇的度展脉络和风貌，这是一般的历史文化村镇和古镇的共性

（续表）

项目	内　容
民族特征	中国有56个民族，大部分少数民族聚居在小城镇和村庄，生活、生产方式等多方面仍继承了少数民族的传统习俗，使许多古村镇和村寨具有浓郁的民族风情
地域特征	小城镇分布地域广阔，不同的地理纬度、海拔高度、地域类型、自然环境都赋予小城镇产生和发展的不同条件，从而产生不同的地方风俗习惯，形成不同的地方风貌特征
景观特征	大多数历史文化村镇和古镇有着丰富的文物古迹、优美的自然景观、大量的传统建筑和独特的整体格局；自然景观和人工环境的和谐，统一构成了古镇的景观特征
功能特征	历史文化村镇在历史上都具有较为明显和突出的功能作用，在一定的历史时期内发挥着重大作用并具有广泛的影响，在文化、政治、军事、商贸、交通等方面有着重要的价值特色

（三）历史文化村镇类型

1. 传统建筑风貌类

完整地保留了某一历史时期积淀下来的建筑群体的古镇，具有整体的传统建筑环境和建筑遗产，在物质形态上使人感受到强烈的历史氛围，并折射出某一时代的政治、文化、经济、军事等诸多方面的历史结构。其格局、街道、建筑均真实地保存着某一时代的风貌或精湛的建造技艺，是这一时代地域建筑传统风格的典型代表。

2. 自然环境景观类

自然环境对村镇的布局和建筑特色起到了决定性的作用。由于山水环境对建筑布局和风格的影响而显示出独特个性，并反映出丰富的人文景观和强烈的民风民俗的文化色彩。

3. 民族及地方特色类

由于地域差异、历史变迁而显示出地方特色或民族个性，并集中地反映某一地区。

4. 文化及史迹类

在一定历史时期内以文化教育著称，对推动全国或某一地区的社会发展起过重要作用，或其代表性的民俗文化对社会产生较大、较久的影响，或以反映历史的某一事件或某个历史阶段的重要个人、组织的住所，建筑为其显著特色。

5. 特殊职能类

在一定历史时期内某种职能占有极突出的地位，为当时某个区域范围内的商贸中心、物流集散中心、交通枢纽、军事防御重地等。

（四）历史文化村镇保护原则

历史文化村镇保护原则如表3-12所示。

表3-12 历史文化村镇保护原则

项目	内容
整体性原则	历史文化村镇的保护最重要的是保护古镇的整体风貌和文化环境，而不只是单一的历史遗迹和个体建筑
协调性原则	历史文化村镇的保护不同于文物和历史遗产的保护，必须兼顾其居民的现代生活、生产的发展需求，协调好保护与发展的关系
展示性原则	在充分尊重历史环境、保护历史文化遗迹的前提下，采取保护与开发相结合的原则，使历史古镇整体及其历史遗迹的历史价值、艺术价值、科学价值、文化教育价值不断得到新的升华，并获得显著的经济效益和社会效益

（五）历史文化村镇传统特色要素与构成

历史文化村镇的传统特色要素与构成如表3-13所示。

表3-13 历史文化村镇的传统特色要素与构成

要素	构成
自然环境	山脉：高山、群山、丘陵、植被、树林 水体：江河、湖泊、海洋气候——日照、雨量、风向、气候特征物产——农作物、果树、山珍、水产、特产

（续表）

要素	构　成
人工环境	历史遗迹：庙宇、亭、台、楼、阁、祠、堂、塔、门、城墙、古桥等 文化古迹：古井、石刻、墓、碑、坊等 民居街巷：街、巷、府、院、祠、园、街区、广场等城镇格局，包括结构、尺度、布局
人文环境	历史人物：著名历史人物、政治家、文学家、科学家、教育家、宗教人士等 民间工艺：陶艺、美术、雕刻、纺织、酿酒、建筑艺术等 民俗节庆：集会、仪式、活动、展示、婚娶等 民俗文化：方言、音乐、戏曲、舞台、祭祀、烹饪、茶、酒等

1. 历史文化村镇保护内容

（1）整体风貌格局。包括整体景观、村镇布局、街区及传统建筑风格。

（2）历史街区（地段）。集中体现古镇的历史和文化传统，保存较完整的空间形态。

（3）街道及空间节点。最能体现历史文化传统特征的空间环境、传统古街巷、广场、滨水地带、山村梯道及空间节点中的重要景物，如牌坊、古桥、戏台等。

（4）文物古迹、建筑遗产、古典园林。各个历史时代古镇遗留下来的至今保存完好的历史遗迹精华。

（5）民居建筑群风貌。为传统古镇的主体，最具有生活气息和体现民风民俗的部分。

2. 历史文化村镇的保护规划

历史文化村镇的保护规划不同于历史文化名城的保护规划，由于古村镇通常保护范围相对较小，内容相对单纯，编制的形式、深度在参考历史文化名城保护规划办法的前提下，分为3种情况。

（1）按专项规划深度编制。

（2）在村镇建设规划中单独编制古村镇保护规划。

（3）结合旅游规划和园林绿地系统规划，编制专题的古村镇或历史街区保护规划。

以上3种规划编制形式，其保护规划内容基本一致，归纳如下。

（1）确立村镇保护级别、作用、效果及保护规划框架。

（2）明确历史文化村镇的保护定位。

（3）根据现状环境、历史沿革、要素分析，明确划分古村镇的保护范围、细分保护区等级。

（4）与村镇建设规划相衔接和调整。

（5）提出保护系统的构成，即区、线、点的系统保护，并确定系统的重点。

（6）对保护区内建筑更新的风格、色彩、高度的控制。

（7）在调查分析、研究的基础上确定古镇保护区建筑的保护与更新的方式，通常为保护、改善、保留、整治、更新等方法。

（8）对城镇整体景观、空间系列、传统民居群、空间节点和标志等方面的规划。

（9）完善交通系统，确定步行区，组织旅游线路。

（10）对古镇环境不协调的地段、河流、建筑、场所进行整治，并进行市政设施配套、绿化系统规划和环境卫生的整治。

六、美丽乡村生态环境规划

乡村是自然生态环境和社会经济环境交叉融合的系统工程，两者相互联系，相互影响。美丽乡村生态环境规划的目的就是通过系统规划，运用生态学原理、方法和系统科学的手段去辨识、模拟和设计乡村生态系统内的各种生态关系，探讨改善系统生态功能，制定人与环境关系持续发展的可行的调控对策。

（一）乡村标识的设置

在现代化的社会生活中，建筑内外空间中，形形色色、不同功用的标识、标志到处可见，为出行的人群起着分流、指导、咨询等作用。出色的乡村标识不但是一种导向载体，而且是乡村形象的宣传者。它不但能彰显乡村的魅力，而且能引起人们的共鸣。所以在美丽乡村的建设中，标识或标志牌是乡村必备的公共设施，是衡量乡村建设规范化的重要指标，是美丽乡村的一道靓丽风景。

设置乡村标识，主要有村名标识、街道标识、家庭门牌号标识、各种交通标识等。在此只对乡村名称的标识作为重点给予介绍。

乡村名称标识，就如过去的牌楼、牌坊的设置，多设置在乡村的入口处，有的是跨建在进村的道路上，有的则是建在入口处的路边上，这种标识性建筑物也称作门牌石。它的种类主要有钢筋混凝土结构、木结构、砖结构、钢结构及石质结构等。

1. 钢筋混凝土结构

如果规划设计的村名标识是跨越在入村的道路上时，并且道路跨度较大，就要采用钢筋混凝土结构。这种结构坚固耐用，造型复杂，配以各种建筑装饰构件，就能成为一道亮丽的风景线。

2. 木结构

木结构的村名标识种类繁多，造型各异。这种结构多在木材资源丰富的地区采用。有的也是跨建在入村的道路之上，成为牌坊式。

除了柱式牌坊标识结构外，还有一种牌楼式村名标识。这种结构也是跨建在入村的道路上的。

3. 独石雕名标识

在入村口的一旁，规划设计一块巨石，上面雕刻村名，就成为一个村牌石。这种标识看似简单，但作用非凡。乡村的这个村牌石，一般花岗岩质地的天然石材，经过简单的加工、刻字后，显示了其浑厚、大气、锐利、霸气等特点，体现了花岗岩这一天然质朴的外形，富有动感书法的雕功，寓意着人力和自然的统一。

同时，不同色调的花岗岩，还寓意着坚强、坚韧及永不言败的精神。

（二）乡村绿化规划

环境绿化在乡村生态系统中具有重要作用。绿色植物不仅有使用功能、观赏价值，更具有生态功能。绿色植物对改善生态环境、调节气候、增加湿度、降低噪声、吸收有害气体、丰富居民精神文化生活、协调人与自然的关系等方面发挥着生物降解功能，有重要作用。因此，绿化环境建设不仅直接关系到乡村生态环境质量的好坏和居民生活质量的提高，而且也是一个乡村经济发展的必要条件，是实现乡村可持续发展的基本保障。

1. 乡村绿地的分类

乡村绿地的分类，主要有如下 4 种。

（1）防护绿地。这种绿地具有双重作用，一是可以美化环境，二是可用于安全、卫生、阻风减尘，如水源保护区、公路铁路的防护林带、工矿企业的防护绿地、禽畜养殖场的卫生隔离带等。

（2）公园绿地。这是指为居民服务的村镇级公园、村中小游园，以及路旁、水塘、河堤上宽度大于 5 米，设有游憩设施的绿地带。

（3）附属绿地。所谓附属绿地，就是指除绿地外其他建筑用地中的绿地，如居住区中的绿地，工业厂区、学校、医院、养老院中的绿地等。对附属绿地进行规划时，应结合乡村绿化规划的整体要求以及用地中的建筑、道路和其他设施布置的要求，采取多种绿地形式，来改善小气候和优化环境。

（4）其他绿地。其他绿地是指水域和其他用地中的绿化地带。

2. 绿化系统规划布局

绿地与乡村的建筑、道路、地形要有机地联系在一起，以此形成绿荫覆盖、生机盎然，构成乡村景观的轮廓线。绿地空间的布局形式，是体现乡村总体艺术布局的一项基本内容。布局形式不但要符合地理条件的需要，还要继承和发扬当地传统的艺术布局风格，形成既具有地方特色，又富有现代布局风格的空间艺术景观。它是提高乡村的建设品位，创建美丽乡村品牌的重要表现。常用的绿地空间布局形式有以下 4 种。

（1）点状布局。点状布局是指相对独立的小面积绿地，一般绿地面积在 0.5~1.0 公顷，有的甚至只有 100 平方米左右，其中街头绿地面积不小于 400 平方米，是见缝插绿、降低乡村建筑密度、提高老街道绿化水平、美化乡村面貌的一种较好形式。

（2）块状布局。乡村绿地的块状布局，指一定规模的街心花园或大面积公共绿地。

（3）带状布局。这种布局多利用河湖水系、道路等线性因素，形成纵横向绿带网、放射性环状绿带网。带状绿地的宽度不小于 8 米。它对缓解交通环境压力、改善生态环境、创造乡村景观形象和艺术面貌有显著的作用。

（4）混合式布局。这种布局是前 3 种形式的综合运用，可以做到乡村绿地布局的点、线、面结合，组成较完整的绿地体系。其最大优点是能使生活居住区获得最大的绿地接触面，方便居民游憩，有利于就近区域小气候与乡村环境卫生条件的改善，有利于丰富乡村景观艺术面貌。

3. 乡村绿化规划

在环境绿化规划中，各地应以大环境绿化为中心，公共绿地建设为重点，道路绿化为骨架，专用绿地绿化为基础，将点、线、面、圈的绿化建设有机地联系起来，构成完整的绿地系统。实现山清水秀，村在林中，房在树中，人在绿中，绿抱村庄，绿荫村民的效果。在规划时，应根据绿地的分类、使用功能和场所进行。

（1）公园绿地规划。美丽乡村建设中，乡镇中的公园是为村民提供休憩、游览、欣赏、娱乐为主的公共场所。在对乡村公园进行规划时，应以本地植物群落为主，也可适当引进外地观赏植物，来丰富绿化档次，提高景观水平。

（2）防护绿地规划。对防护绿地进行规划，主要包括卫生防护林和防护林带。

当前，有的乡村经营煤炭生意，还有的在乡村附近建混凝土搅拌站、水泥厂、生石灰窑以及产生有害气体的村办企业等。为了保护居住生活区免受煤灰、水泥灰、白灰粉和有害气体的污染侵害，在清理有害气体的同时，就要规划设置卫生防护林带，林带宽度应大于 30 米；在污染源或噪声大的一面，应规划布置半透风林带，在另一面规划布置不透风式林带。这样可使有害气体被林带过滤吸收，并有利于阻滞有害物质而使其不向外扩散。在村边的畜、禽饲养区周围，应规划设置绿化隔离带，特别应在主风向上侧设置 1~3 条不透风的隔离林带。

防护村镇的林带，规划设置时应与主风向垂直，或有 30°的偏角，每条林带的宽度不小于 10 米。

（3）附属绿地。街道绿化。规划街道绿化时，必须与街道建筑、周边环境相协调，不同的路段应有不同的街道绿化。由于行道树长期生长在路旁，必须选择生长快、寿命长、耐旱、树干挺拔、树冠大的品种；而在较窄的街道则应选用较小的树种。在街头，可因地制宜地规划街头绿化和街心小花园，并应结合面积的大小和地形条件进行灵活布局。

居住区绿化。居住区绿化，是美丽乡村建设中的重头戏，是衡量居住区环境是否舒适、美观的重要指标。可结合居住区的空间、地理条件、建筑物的立面，设置中心公共绿地，面积可大可小，布置灵活自由。面积较大时，应设置些小花坛、水池、雕塑等。在规划时，不能因为绿化而影响住宅的通风与采光，应结合房屋的朝向配备不同的绿化品种。如朝南房间，应离落叶乔木有 5 米间距；向北的房间应距离外墙最少 3 米。配置的乔灌木比例一般为 2∶1，常绿与绿叶比例为 3∶7。

公共建筑绿化。公共建筑绿化是公共建筑的专项绿化，它对建筑艺术和功能上的要求较高，其布局形式应结合规划总平面图同时考虑，并根据具体条件和功能要求采用集中或分散的布置形式，选择不同的、能与建筑形式或建筑功能相搭配的植物种类。

工厂绿化。规划工厂绿化，应根据工厂不同的生产性质，对绿化实行“看人下菜碟”。凡是有噪声的车间周围应选树冠矮、树枝低、树叶茂密的灌木与乔木，形成疏松的树群林带。产生有害气体的车间附近的树木种植不宜过密，切忌乔灌混交种植。对阻尘要求较高的车间则应在主风向上侧设置防风林带，车间附近种植枝叶稠密、生长健壮的树种。

除了上面的规划内容外，还可以结合当地的特产农业，规划建设乡村经济观赏绿化带，既可有农产品收入，又能起到绿化乡村的作用。

（三）乡村游园和景观设计

在现代化的乡村里，由于国家惠民政策的落实，以及农业机械化的普及，村民的体力劳动得到了极大解放，精神文化需求也就随之而来。所以在村镇规划设计乡村小广场、小游园就成为了时代发展的需要。村镇广场作为村镇公共空间的重要组成部分，是村镇居民公共生活的重要场所。但是由于各村镇的历史发展和民族风格的差异，小广场就不会与城市广场那样功能分明，它是集市政、休憩、纪念、疏散等多种功能于一体的村镇广场。

在对村镇小广场进行规划设计时，应结合当地村镇的地理条件和村镇的性质来确定广场的空间环境，其设计的基本要求和原则如下。

1. 村镇小广场的规划设计

（1）规划设计基本要求。对小广场进行规划设计时，必须和该地区的整体环境协调统一。

广场上的亭、廊、宣传栏、雕塑、喷泉、叠石、照明、花坛等设施，要考虑其实用性、趣味性、艺术性和民族性。

（2）规划设计的原则。要结合广场的地形条件，来确定小广场的空间形态、空间的围合、尺度和比例。

因地制宜，不失民族特色。要采用本地区的工艺、色彩、造型，充分体现当地的文化特征。

尺度适宜，体量得当。设计时从体量到节点的细部设计，都要符合居民的行为习惯。

注重历史文脉，增加现代化气息。要挖掘历史和传统文化的内涵，传承当地的文化遗产，结合现代材料，使之具有时代感。

（3）乡村广场的布局形式。在乡村中，由于村庄的规模都不是很大，所以就要在“小”字上下工夫，具有小巧玲珑、功能俱全的特点。乡村小广场的布局形式主要有广场中心式和沿街线状式。

广场中心式。就是以小广场为中心，沿广场四周可以布置乡村文化活动室、购物商店、健身设施等，又可作为农闲时的娱乐场所，其布局形式如图 3-5 所示。

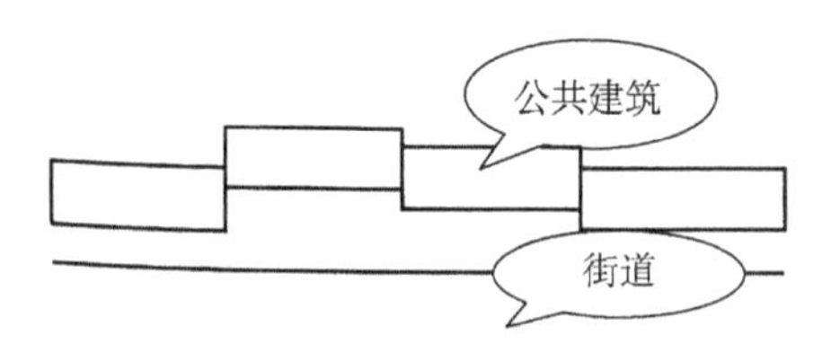

图 3-5　广场中心式

2. 沿街线状布局形式

沿街线状式。沿街线状布局形式是指将公共建筑沿街道的一侧或两侧集中布置，它是我国乡村中心广场的传统布置形式。这种布置具有浓厚的生活气息，其布置形式如图 3-6 所示。

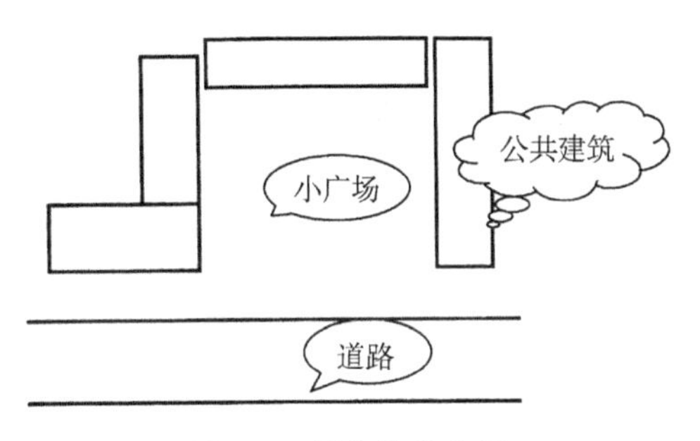

图 3-6　沿街线状布置

3. 小游园的规划设计

乡村小游园具有装饰街景、增加绿地面积、改善生态环境之功效，是供村民休息、交流、锻炼、纳凉和进行一些小型文化娱乐活动的场所。

小游园按其平面布置主要有 3 种方式。

（1）规则式。这种布置有明显的主轴线，小游园的园路、水体、广场依据一定的几何图案进行布局。绿化、小品、道路呈对称式或均衡式布局，给人以整齐、明快的感觉。

（2）自然式。这种游园布局灵活，富有自然气息，它依景随形，配景得体，采用自然式的植物种植，呈现出自然精华和植物景观。

（3）混合式。这种布局既有自然式的灵感，又有规则式的整齐，既能与四周环境相协调，又能营造出自然景观的空间。

但在规划设计乡镇小游园时，必须因地制宜，力求变化；特点鲜明突出，布局简洁明快；要小中见大，空间层次丰富；对建筑小品，要以小巧取胜。植物种植要以乔木为主，灌木为辅，园内应体现出“春有芳花香，夏有浓荫凉，秋有果品尝，冬有劲松绿”，使园内四季景观变化无穷。

4. 建筑小品的规划设计

乡村街道上建筑小品主要有路灯、街道指示牌、花坛、雕塑和座椅等。在规划设计时，它不仅在功能上能满足村民的行为需要，还能在一定程度上调节街道的空间感受，给人留下深刻的印象。

乡村街道上的路灯，不必非用冷冰冰的水泥电杆，可以选用经过加工造型的铁杆，采用太阳能节能灯、风力发电路灯等。

街道指示牌是外乡人进入该村的导路牌，是乡村规范化的名片符号，它们往往比建筑更加重要。所以，这些路牌色彩应鲜明，造型应活泼，位置应合理，标志应清晰。街道指示牌的高度和样式一定要统一，不能五花八门，既要有景观的效果，又要有指示的功能。

街道上的花坛是指在绿地中利用花卉布置出精细美观的绿化景观。它既可作为主景，又可作为配景。在对其规划时，则应进行合理的规划布局，从而达到既美化街道环境，又丰富街道空间的作用。一般情况下，花坛应设在道路的交叉口处，公共建筑的正前方。花坛的造型主要有独立式、组合式、立体式或古典式，但是均应对花坛表面进行装饰。

街道雕塑小品，一般有两大风格，即写实和抽象。写实风格的雕塑是通过塑造真实人物的造型来达到纪念的目的。而抽象雕塑则是采用夸张、虚拟的手法来表达设计意图。

在乡村街道和游园广场中，还要设置具有艺术风格和一定数量的座椅，既有乡村建筑小品的情趣，又可为临时休息的村民提供方便。

（四）乡村环境控制

生活居住是乡村的基本功能之一，居住区是美丽乡村的重要组成部分，居住区的空间环境和总体形象不仅对居民的日常生活、心理和生理健康产生直接的影响，还在很大程度上反映了这个乡村的基本面貌。

对居住区环境的规划，不仅要满足住户的基本生活需求，还要着力创造优美的空间环境，为村民提供日常交往、休息、散步、健身等户外活动的生存需求、生理需求、安全需求、美的需求。对美丽乡村居住区环境进行优化，就是要充分重视居住区户外环境的优化，对宅旁绿地、小游园等开敞空间，儿童、青少年和老年人的活动场地，道路组织、路面和场铺装、建筑等进行精心组织，为村民创造高质量的生活居住空间环境和生态环境。

1. 大气环境控制

大气是人类生存不可缺少的基本物质。乡村大气污染的污染源主要有工业污染、生活污染、交通运输污染三大类。控制大气污染，提高空气质量的主要措施是改变燃料结构，装置降尘和消烟环保设施，以减少污染，采用太阳能、沼气、天然气等洁净能源，增加绿地面积，强化监管措施，严格执行国家有关环境保护的规定。

2. 水环境控制

水是人类赖以生存的基本物质保证。水环境控制规划包括水资源综合利用和保护规划与水污染综合治理规划两方面内容。

依据乡村耗水量预测，分析水资源供需平衡情况，制定水资源综合开发利用与保护计划，在对地下水水源要全面摸清储量的基础上，实现计划开采。对不同水源保护区，应加强管理，防止污染；对滨海乡村，应根据岸线自然生态特点，制定岸线与水域保护规划，严格控制陆源污染物的排放；制定水资源的合理分配方案和节约用水、回水利用的对策与措施；完善乡村给水与排水系统；对缺水地区探索雨水利用的新途径和新方法。

乡村水污染综合整治规划主要有根据乡村发展计划，预测污水排放量；正确确定排水系统与污水处理方案，推广水循环利用技术，减少污水处理量；减少水土流失与污染源的产生；加强工业废水与生活污水等污染源的排放管制。

3. 固体废弃物的控制与处理

固体废弃物包括居住区的生活垃圾、建筑垃圾、工厂的废弃物、农作物秸秆及商业垃圾等，是乡村主要的污染源。固体废弃物的控制，首先要从源头上尽可能减少固体废弃物的产生。这就要积极发展绿色产业，提倡绿色消费，提高村民的环境保护意识，严格控制“白色污染”，发展可降解的商品；提高全民的文明程度，养成良好的卫生习惯，自觉维护环境的清洁；提高固体废弃物回收与综合利用，变废为宝，实现固体废弃物的资源化、商品化。

在乡村中，应结合街道的规划布局，设置垃圾箱，一方面可为村民提供方便的清理垃圾的工具；另一方面通过巧妙设计也能使其成为街道一景。

4. 修建公共厕所

在美丽乡村建设中，应把沿街道上的私家厕所进行搬迁入户，同时还要结合人居分布情况和环境要求修建公共厕所。在用水方便的地区可以采用水冲式，用水紧张的地区可为旱厕。在规划时，有旅游资源的乡村公厕间距，应在300米左右；一般街道的公厕间距为1 000米以下；居住区公厕间距在300~500米。

（五）乡村防洪规划

靠近江、河、湖泊的乡村和城镇，生产和生活常受水位上涨、洪水暴发的威胁和影响，因此在规划设计美丽乡村和居民点选址时，应把乡村防洪作为一项规划内容。乡村防洪工程规划主要有如下内容。

1. 修筑防洪堤岸

根据拟定的防洪标准，应在常年洪水位以下的乡村用地范围的外围修筑防洪堤。防洪堤的标准断面，视乡村的具体情况而定。土堤占地较多，混凝土堤占地少，但工程费用较高。堤岸在迎河一面应加石块铺砌防浪护堤，背面可植草保护。在堤顶上加修防特大洪水的小堤。在通向江河的支流或沿支流修筑防洪堤，或设防洪闸门，在汛期时用水泵排出堤内侧积水，排涝泵进水口应在堤内侧最低处。

由于洪水与内涝往往是同时出现的，所以在筑堤的同时，还要解决排涝问题。支流也要建防洪设施。排水系统的出口如低于洪水水位时，应设防倒灌闸门，同时也要设排水泵站。也可以利用一些低洼地、池塘蓄水，降低内涝水位，以减少用水泵的排水量。

2. 整治湖塘洼地

乡村中的湖塘洼地对洪水的调节作用非常重要，所以应结合乡村总体规划，对一些湖塘洼地加以保留和利用。有些零星的湖塘洼地，可以结合排水规划加以连通，如能与河道连通，则蓄水的作用将更为加强。

3. 加固河岸

有的乡村用地高出常年洪水水位，一般不修筑防洪大堤，但应对河岸整治加固，防止被冲刷崩塌，以致影响沿河的乡村用地及建筑。河岸可以做成垂直、一级斜坡、二级斜坡，根据工程量大小做比较方案。

4. 修建截流沟和蓄洪水库

如果乡村用地靠近山坡，那么为了避免山洪泄入村中，增加乡村排水的负担，或淹没乡村中的局部地区，可以在乡村用地较高的一侧，顺应地势修建截洪沟，将上游的洪水引入其他河流，或在乡村用地下游方向排入乡村邻近的江河中。

5. 综合解决乡村防洪

应当与所在地区的河流的流域规划结合起来，与乡村用地的农田水利规划结合起来，统一解决。农田排水沟渠可以分散排放降水，从而减少洪水对乡村的威胁。大面积造林既有利于自然环境的保护，也能起到水土保持作用。防洪规划也应与航道规划相结合。

（六）乡村消防规划

对美丽乡村进行总体规划时，必须同时制定乡村消防规划，以杜绝火灾隐患，减少火灾损失，确保人民生命财产的安全。

1. 消防给水规划

（1）消防用水量。消防用水量是保障扑救火灾时消防用水的保证条件，必须足量供给。

规划乡村居住区室外消防用水量时，应根据人口数量确定同一时间的火灾次数和一次灭火所需要的水量。此外，乡村室外消防用水量还必须包括乡村中的村民居住区、工厂、仓库和民用建筑的室外消防用水量。在冬季最低气温达到 -10℃ 的乡村，如采用消防水池作为消防水源，则必须采取防冻措施，保证消防用水的可靠性。城镇中的工厂、仓库、堆场等设有独立的消防给水系统时，其同一时间内火灾次数和一次火灾消防用水量可分别计算。

在确定建筑物室外消防用水量时，应按其消防需水量最大的一座建筑物或一个消防分区计算。

（2）消防火栓的布置。乡村的住宅小区及工业区，其市政或室外消火栓的规划设置应符合下列要求。

消火栓应沿乡村道路两侧设置，并宜靠近十字路口。消火栓距道边不应超过 2 米，距建筑物外墙不应小于 5 米。油罐储罐区、液化石油气储罐区的消火栓，应设置在防火堤外；室外消火栓的间距不应超过 120 米；市政消火栓或室外消火栓，应有一个直径为 150 毫米或 100 毫米和两个直径 65 毫米的栓口。每个市政消火栓或室外消火栓的用水量应按 10~15 升/秒计算。室外地下式消火栓应有一个直径为 100 毫米的栓口，并应有明显的标志。

（3）管道的管径与流速。选择给水管道时，管径与流速成反比。如果流速较大，则所需管材就小些，如果采用较小流速，就需要用较大的管径。所以，在规划设计时，要通过比较，选择基建投资和设备运转费用最为经济合理的流速。一般情况下，0.1~0.4 米的管径，经济流速为 0.6~1.0 米/秒；大于 0.4 米的管径，经济流速为 1.0~1.4 米/秒。

关于消防用水管道的流速，既要考虑经济问题，又要考虑安全供水问题。因为消防管道不是经常运转的，如果采用小流速大管径是不经济的，所以宜采用较大流速和较小管径。根据实践经验，铸铁管道消防流速不宜大于 2.5 米/秒；钢管的流速不宜大于 3.0 米/秒。

凡是新规划建设的居住区、工业区，给水管道的最小直径不应小于0.1米，最不利的市政消火栓的压力不应小于0.1~0.15兆帕，其流量不应小于15升/秒。

（4）消防通道规划。乡村街区内的道路，应考虑消防车执行任务时的通路，当建筑的沿街部分长度超过150米或总长度超过200米时，均应设置穿越建筑物的消通道，并且还应设置消防车道的回车场地，回车场地的面积不小于12平方米。

设置消防车道的宽度，不应小于3.5米；道路上边如果有架空管线、天桥，则其净高不应小于4米。

2. 居住区消防规划

居住区的消防规划是乡村中消防规划的重中之重，必须认真规划。

（1）居住区总体布局中的防火规划。乡村居住区总体布局应根据乡村规划的要求进行合理布置，各种不同功能的建筑物群之间要有明确的功能分区。根据居住小区建筑物的性质和特点，各类建筑物之间应设必要的防火间距。

设在居住区内的煤气调压站、液化石油气瓶库等建筑也应与居住的房屋间留有一定的安全间距。

（2）居住区消防给水规划。在居住区消防给水规划中，有高压消防给水管道的布置、临时高压消防给水管道布置、低压给水管道布置等。这些给水管道均能保证发生火灾时消防用水。但在乡村中，基本上采用生活、生产和消防合用一个给水系统，这种情况下，应按生产、生活用水量达到最大时，同时要保证满足距离水泵的最高、最远点消火栓或其消防设备的水压和水量要求。

小区内的室外消防给水管网应布置成环状，因为环状管网的水流四通八达，供水安全可靠。

在水源充足的小区，应充分利用河、湖、堰等作为消防水源。这些供消防车取水的天然水源和消防水池，应规划建设好消防车道或平坦空地，以利消防车装水和调头。

在水源不足的小区，必须增设水井，以弥补消防用水的不足。

3. 居住区消防道路规划

居住小区道路系统规划设计，要根据其功能分区、建筑布局、车流和人流的数量等因素确定，力求达到短捷畅通；道路走向、坡度、宽度、交叉等要依据自然地形和现状条件，按国家建筑设计防火规范的规定科学地设计。当建筑物的总长度超过 220 米时，应设置穿过建筑物的消防车道。消防车道下的管沟和暗沟应能承受大型消防车辆过往的压力。对居住区不能通行消防车的道路，要结合乡村改造，采取裁弯取直、扩宽延伸或开辟新路的办法，逐步改观道路网，使之符合消防道路的要求。

（七）乡村治安防控规划

乡村治安防控是关系到千家万户及广大人民的生活、生产、生存的大事，是美丽乡村建设的特殊内容。所以，对乡村进行规划设计时，必须把治安防控规划做好做细，保一方平安，促一方稳定。

对乡村治安防控进行规划，就是要改变过去那种“治安基本靠狗”的乡村治安防控模式，运用当今的防控手段，在乡村中布下“电子天网”，提高治安防控能力。

规划安装电子治安监控设备时，一是不得侵犯公民的隐私权和公共利益，二是规划安装的位置应符合交通、防洪、乡村环境等要求，不得乱安私建。

在下列区域，可安装电子眼。

（1）乡村居住社区。

（2）贸易市场、农村信用社、学校、幼儿园、厂矿、村民养殖场。

(3) 村中主要道路、案发较多地段、交通路口。

(4) 自来水厂、重要河段。

(5) 国家规定需要安装电子眼的地方。

七、美丽乡村民居住宅的布局

民居住宅是人类在大自然中赖以生存的基础条件，是村民生产生活的聚集地。它是由乡村社会环境、自然环境和人工环境共同组成的，是乡村生态、环境、社会等各方面的综合反映，是乡村人居环境中的主要内容。

(一) 乡村民居住宅的类型

乡村住宅和房屋的类型，在不同地区、不同气候条件、不同民族有着不同的布局和造型。综合全国各地民居的形式，可归纳为下列三大类。

1. 木构架式住宅

这是中国乡村住宅的主要形式，其数量多，分布广，是最为典型的民居住宅。这种住宅以木结构为主，在南北向的主轴线上建主房，主房前面左右对特建东西厢房，这就是通常所说的“四合院”或“三合院”。这种形式的住宅遍布全国各地乡村，但因各地区的自然条件和生活方式的不同而结构不同，形成了独具特色的建筑风格。

在中国南部，江南地区的住宅，也采用与北方“四合院”大体一致的布局，只是院子较小，称为天井，仅作排水和采光之用。屋顶铺小青瓦，室内以石板铺地，以适合江南温湿的气候。

2. 干栏式住宅

干栏式住宅主要分布在中国西南部的云南、贵州、广东、广西等地区，为傣族、壮族等民族的住宅形式。它是单栋独立的楼式结构，底层架空，用来饲养牲畜或存放物品，上层住人。这种建筑不但防潮，还能防止虫、蛇、野兽等侵扰。

3. 窑洞式住宅

窑洞式住宅主要分布在我国中西部的河南、山西、陕西、甘肃、青海等黄土层较厚的地区。窑洞式住宅主要利用黄土直立不倒的特性，水平地挖掘出拱形窑洞。这种窑洞节省建筑材料，施工技术简单，冬暖夏凉，经济适用。

（二）乡村住宅的平面布局

1. 北方地区住宅的平面布局

从北方地区住宅的平面形式来看，院落基本为纵长方形；住房为横长方形。

在平面布局上，为了接收更多的阳光和避开冬季北面袭来的寒风，应将房屋建成坐北朝南向，门和窗均设于朝南的一面。在住室的布局上，多将卧室布置在房屋的朝阳面，将储藏室、厨房布置在背阳的一面。图 3-7 是一北方民居的平面布置图。

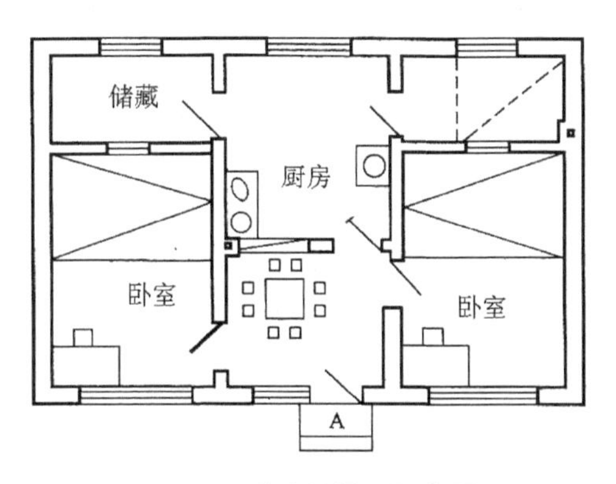

图 3-7　北方民居平面布置

2. 南方地区住宅的平面布局

南方地区住宅的平面布置比较自由通透。院子采用东西横长的天井院，平面比较紧凑。房屋的后墙上部开小窗，围墙及院墙开设漏窗。一般住房的楼层较高，进深较大。这样有利于通风、散热、去潮。

江南水乡的民居住宅，大多依水而建，房屋平面布置多依据地形及功能要求进行，一般取不对称的自由形式。由于河网密布，最好的建筑居住模式是临河而建，一边出口毗邻街道，一边出口毗邻河道。

（三）住户类型及功能布局

对乡村住宅进行选型时，住户类型、住户结构、住户规模是决定住宅套型的三要素。除每个住户均必备的基本生活空间外，各种不同的住户类型还要求有不同特定的附加功能空间；而住户结构的繁简和住户规模的大小则是决定住宅功能空间数量和尺寸的主要依据。

根据常住户的规模，有一代户、两代户、三代户及四代户。一般两代户与三代户较多，人口多在 3~6 口。这样基本功能空间就要有门斗、起居室、餐厅、卧室、厨房、浴室、储藏室，并且还应有附加的杂屋、厕所、晒台等功能，而套型应为一户一套或一户两套。当为 3~4 口人时，应设 2~3 个卧室；当为 4~6 口人时，应设 3~6 个卧室。如果住户为从事工商业者，还还可根据实际情况进行增加。

（四）住宅布局的原则

根据乡村住宅户类型多、住户结构复杂、住户规模大等特点，就要分别采用不同的功能布局方案。

一是要确保生产与生活区分开，凡是对人居生活有影响的，均要拒之于住宅乃至住区以外，确保家居环境不受污染。

二是要做到内外区分。由户内到户外，必须有一个更衣换鞋的户内外过渡空间，并且客厅、客房及客流路线应尽量避开家庭内部的生活领域。

三是要做到“公”与“私”的区分。在一个家庭住宅中，所谓“公”，就是全家人共同活动的空间，如客厅；所谓“私”，就是每个人的卧室。公私区分，就是公共活动的起居室、餐厅、过道等，应与每个人私密性强的卧室相分离。在这种情况下，基本上也就做到了“静”与“动”的区分。

四是要做到“洁”与“污”的区分。这种区分也就是基本功能与附加功能的区分。如做饭烹调、燃料农具、洗涤便溺、杂物储藏、禽舍畜圈等均应远离清洁区。

五是应做到生理分居。也就是根据年龄段和性别的不同进行分室。在一般情况下，5 岁以上的儿童应与父母分寝；7 岁以上的异性儿童应分寝；10 岁以上的异性少儿应分室；16 岁以上的青少年应有自己的专用卧室。

第七节　美丽乡村建设与新能源规划

一、资料收集与选择能源

（一）资料收集

美丽乡村建设中，对新能源的规划和使用，我国制定了相关的政策和条例，对此，需要收集完整资料和文件，随时按要求办事。需要收集的资料大致有以下几类。

（1）国家节能减排政策规定的相关用能指标。

（2）本地区用能历史资料和与用能有关的其他统计资料（如经济、人口数量、气象条件、农作物生产情况、自然资源种类等）。

（3）国家相关的能源（电力、煤炭等）政策。

（4）与村庄用能有关的新技术（节能产品）的推广情况。

（二）村庄能源种类与选择原则

1. 能源种类

我国村庄能源主要有薪柴、作物秸秆、人畜粪便（直接燃烧或制作沼气）、太阳能、风能和地热能等，多属于可再生能源。农村能源还包括国家供应给农村地区的煤炭、燃料油、电力和燃气等商品能源。

2. 选择原则

村庄能源建设的指导方针是：因地制宜，多能互补，综合利用，讲求效益。村庄地区应因地制宜，就近开发可利用的能源。

村庄能源规划所包含的内容主要是合理开发当地各种能量资源，研究村庄各种能量资源的结构比例，不宜采用单一的能源供应方式，应协调商品能源和非商品能源的比例。在确定各种能源比例结构时，不同能源的经济性及管理要求不同，应充分考虑农村不同收入家庭的经济承担能力和管理水平。

（三）能源用量预测

1. 村庄用能指标

各类用能用户的设计用能指标应根据当地生活习惯、气候、能源供应类型确定。本指标包括下列3类用能用户。

（1）居民生活用能用户。

（2）公共建筑用能用户。

（3）采暖用能用户。

居民生活的用能指标，应根据当地居民生活用能的统计数据分析确定。一般情况下，可按表3-14选取。

表 3-14　农村居民生活的用能指标

［兆焦/人年，1.0×10^4 千卡/（人·年）］

地区	用能指标	备注
东北、西北地区	1 256~1 466（25~30）	有效用能，不含卫生热水
华北地区	1 256~1 466（25~30）	有效用能，不含卫生热水
华东、中南地区	838~1 256（20~25）	有效用能，不含卫生热水
东南地区	838~1 256（20~25）	有效用能，不含卫生热水
西南地区	838~1 256（20~25）	有效用能，不含卫生热水

公共建筑用能指标，根据规划村庄公共建筑的情况，按居民生活用能的 3%~10%考虑。

采暖用能指标，可参照国家现行标准《城市热力网设计规范》（CJJ 34—2002）或当地建筑物耗热量指标执行，考虑村庄实际情况及与城镇的差别，对室内采暖温度修正为 14~16℃，再根据采暖面积确定采暖能耗量。

2. 能源的利用效率

能源利用效率是指各类转换设备转换后输出能量与输入的能量之比的百分数。一般情况下，各类能量转换设备的效率可按表 3-15 选取。

表 3-15　各类能量转换设备的效率

类型	效率（%）	备注
普通柴薪灶	10~15	有效用能，不含卫生热水
节能柴薪灶	20~25	有效用能，不含卫生热水
煤炭灶	20~25	有效用能，不含卫生热水
煤球炉	25~30	普通型
煤球炉	35~45	节能型
采暖煤炉	40~55	

（续表）

类型	效率（%）	备注
太阳能灶	20~30	
微波炉	85~90	
电磁炉	60~70	
电饭煲	70~80	
饮水机	85~90	

二、新能源开发

（一）新能源基本性能规划要求

新能源开发的规划和要求有以下几点。

（1）农村能源设施规划应符合村庄发展规划的要求。

（2）农村能源设施规划选址选线时，应遵循节约用地、有效使用土地和空间的原则，根据工程地质、水文、气象和周边环境等条件确定。集中能源设施应设置在村庄的边缘或相对独立的安全地带。

（3）村庄能源供应系统应具备稳定可靠的来源和保证对用户安全稳定供应的必要设施，以及合理的供应参数。

（4）在能源输送、转换、分配、最终消费过程中的技术选择，以提高能量利用效率，缓解能源短缺现象，保持农业生态环境，促进农村经济长期稳定地发展为宗旨。

（5）在设计使用年限内，村庄能源设施应保证在正常使用条件下的高效可靠运行。

（6）农村能源设施（沼气、秸秆气化气、液化石油气、天然气等）的规划和使用，应采取有效保证人身和公共安全的措施。

（7）农村能源设施（秸秆气化、集中供热热源和生产用热源）的规划和利用，应采取措施减少污染，并应按国家现行环境保护标准对产生的污染物进行处理。

（8）村庄能源设施的规划和利用，应能有效地利用能源和水资源。

（9）在村庄能源设施安全保护范围内，不得进行有可能损坏或危及设施安全的活动。

（10）村庄集中能源设施的规划与利用，应有完善的安全生产、运行管理制度和相应的组织机构。

（11）村庄能源设施必须使用质量合格并符合要求的材料与设备。

（12）村庄能源设施规划优先采用高效节能的新技术、新工艺和新材料。

（13）村庄能源工程建设竣工后，应按规定程序进行验收，合格后方可使用。

（二）能源质量

液化石油气、天然气质量应符合现行国家标准的有关规定，热值和组分的变化应满足城镇燃气互换性的要求。沼气和秸秆气化气质量应符合国家相关生产标准要求，氧气、一氧化碳等有害杂质含量应控制在安全范围之内。

当使用液化石油气与空气的混合气作为农村燃气气源时，混合气中液化石油气的体积分数应高于其爆炸上限的两倍，在工作压力下管道内混合气体的露点应始终低于管道温度。

当使用其他燃气与空气的混合气作为村庄燃气气源时，应采取可靠的措施，防止混合气中可燃气体的体积分数达到爆炸极限。

燃气加臭。村庄各类燃气加臭剂的添加量应符合国家《城镇燃气设计规范》（GB 50028—2006）的要求。

（三）能源生产厂站

1. 一般规定

（1）规定适用于农村商品能源（液化石油气、天然气、沼气、秸秆气化气等）的生产、净化、接收、储配、供应等场所。

（2）能源厂站的设计使用年限应由设计单位和建设单位确定，并应符合国家有关规定，但厂站内主要建（构）筑物的设计使用年限不应小于50年；建（构）筑物结构的安全等级应符合国家相关标准的要求。

（3）厂站的工艺流程应符合安全稳定供应和系统调度的要求。

（4）厂站内能源储存的数量应根据供气、调峰、调度和应急的要求确定。

2. 站区布置

（1）厂站站址的选择应根据周边环境、地质、交通、供水、供电和通信等条件综合确定，并应满足系统设计的要求。

（2）厂站内的建（构）筑物与厂站外的建（构）筑物之间应有符合国家现行标准要求的防火间距，厂站边界应设置围墙或护栏。

（3）厂站内的生产区和生产辅助区应分开布置，出入口设置应符合便于通行和紧急事故时人员疏散的要求。

（4）不同类型的燃油、燃气储罐应分组布置，储罐之间及储罐与建（构）筑物之间应有符合国家现行标准要求的防火间距。

（5）液化石油气厂站的生产区内应设置消防车通道。

（6）液化石油气的生产区应设置高度不小于2米的不燃烧体实体围墙。

（7）液化石油气厂站的生产区内，除地下储罐、寒冷地区的地下式消火栓和储罐区的排水管、沟外，不应设置地下和半地下建（构）筑物。生产区的地下管沟内应填满干沙。

3. 设备和管道

（1）能源生产设备、管道及附件的材质和连接形式应符合介质特性、压力、温度等条件及相关标准的要求，其压力级别不应小于系统设计压力。

（2）燃气设备和管道的设置应满足操作、检查、维修和燃气置换的要求。

（3）厂站内设备和管道应按工艺和安全的要求设置放散和切断装置。放散装置的设置应保证放散时的安全。

（四）沼气工程

1. 村庄沼气工程组成

村庄沼气工程的组成，包括户用沼气池建设、小型沼气工程和集中沼气供应工程。

（1）沼气利用规划应选择集中式沼气供应技术，集中式便于管理，效率高，使用周期长。

（2）不同地区选择相适应的建设模式，分为北方模式和南方模式，北方模式受自然条件限制，沼气池建在日光温室或三结合台禽舍内。而南方模式则是沼气池与养殖业、林果业、种植业紧密联系的。

（3）集中沼气工程以村庄规模畜禽养殖场粪污的沼气发酵为主要环节，将沼气生产和粪污处理有机结合，实现畜禽粪便资源化利用的工程。建设内容主要包括发酵装置、脱硫脱水装置、储气柜、输配管网、炉具以及沼肥利用设施等。

（4）兼顾沼气生态农业技术作用，做好“三沼”利用规划，“三沼”即沼气、沼液、沼渣，是沼气池经过厌氧发酵的产物，可综合利用，节约成本，减少污染，熟化土壤，培肥地力，减轻病虫害，提高产量，增加收入，提高沼气生产系统的经济性。

2. 沼气池的日常管理

在利用沼气技术规划中，要注意对沼气生产系统日常管理的规划，以提高系统的效率、可靠性和经济性。

3. 安全管理

(1) 沼气池的进、出料口要加盖，以防人、畜掉进去造成伤亡。

(2) 每口沼气池都要安装压力表，经常检查压力表水柱变化，当沼气池产气旺盛时，池内压力过大，要立即用气、放气，以防胀坏气箱，冲开池盖造成事故。如果池盖已经冲开，需立即熄灭附近烟火，以避免引起火灾。

(3) 严禁在沼气池出料口或导气管口点火，以避免引起火灾或造成回火致使池内气体爆炸，破坏沼气池。

(4) 经常检查输气管道、开关、接头是否漏气。在使用沼气灶时，应该先检查开关是否处于关闭位置，若没有关闭，应立即关闭并熄灭火源、开窗通风。不用气时要关好开关。在厨房如嗅到臭鸡蛋味，要开门开窗并切断气源，人也要离去，待室内无味时，再检修漏气位置。

(5) 在输气管道最低的位置要安装凝水瓶（积水瓶），防止冷凝水聚集陈冰，堵塞输气管道。

(6) 安全入池出料和维修人员进入沼气池前，先把活动盖和进出料口盖揭开，清除池内料液，晾 1~2 天，并向池内鼓风排出残存的沼气。再用鸡、兔等小动物试验。如没有异常现象发生，在池外监护人员监护下方能入池。入池人员必须系安全带。入池操作，可用防爆灯或手电筒照明，不要用油灯、火柴或打火机等照明。

(五) 秸秆气化集中供气工程

以村庄为单元，利用农作物秸秆生产可燃气体，通过管网供给农户，用于炊事和取暖。建设内容主要包括气化机组、燃气净化器、储气柜、输配管网、室内灶具等设备。

采用先进高效技术与工艺流程。秸秆气化供气系统的设计、施工、验收及气化炉的效率评价，执行《秸秆气化供气系统技术条件及验收规范》（NY/T 443—2001），《户用型秸秆气化炉质量评价技术规范》（NY/T 1417—2007）。

村庄秸秆汽化规划，要有运行管理和安全管理内容，以保障气化系统的效率、经济性、可靠性和安全性。

村庄秸秆气化规划，要考虑净化污水、焦油等污染物的处理，以保护环境。

（六）太阳能利用

1. 推广利用太阳能

在太阳能丰富的地区推广利用太阳能技术，包括太阳灶、太阳房、太阳能热水供应等。

（1）太阳能灶具是利用太阳辐射能，通过聚光、传热和储热等方式进行炊事和烹饪的装置。

（2）太阳能灶节能量，根据不同地区的自然条件和群众不同的生活习惯，太阳能灶每年的实际使用时间为 400～600 小时，每台太阳能灶每年可以节省秸秆 500～800 千克，经济效益和生态效益十分显著。

（3）在西部太阳能丰富的甘肃、青海、宁夏、西藏、四川、云南等地区，应大力推广太阳能灶技术。

（4）在太阳能较丰富的采暖地区，推广被动式太阳房技术。被动式太阳房是在普通建筑物结构的基础上，加大朝阳窗户、吸热墙或附加温室来收集太阳能，以达到供暖目的。

2. 太阳能卫生热水与采暖

（1）太阳能可用于提供卫生热水和建筑采暖。太阳能地板辐射采暖具有良好的节能和环保等优点。

（2）太阳能地板采暖系统的工作原理是，太阳能集热器接受太阳辐射，并加热集热介质，将太阳辐射能转化为热能，并储存在蓄热水箱中，水箱中的水在循环泵的作用下，进入供暖地板的管网中对房屋供暖。

（3）典型的太阳能地板辐射采暖系统，主要由太阳能集热器、蓄热水箱、辅助热源、埋入地板的地热盘管及控制装置等组成。由于太阳能具有不稳定性，阴天下雨及光照不足时，需要采用辅助热源。

（七）省柴节煤工程

省柴节煤灶（炕）是按照燃料燃烧和热量传递的科学原理设计的，具有较高热效率的炊事、取暖设备，包括北方地区的省柴节煤炕连灶和南方地区的省柴节煤灶。

1. 节能灶效率

传统的炉灶秸秆薪柴的能源利用率只有10%~15%，经过炉灶的改造后，秸秆和薪柴的能源利用率提高到20%~25%。在燃料缺乏地区应大力推广节能灶技术。

2. 节能炕

（1）落地炕是传统炕形式，炕体完全接触地面，炕体用砖搭砌，砌出炕洞及烟道，炕表面仍使用砖平铺，外表面以灰泥抹面，上铺炕席或人造革。

（2）落地式炕灶，据调查和测试，北方寒冷地区的生活能耗绝大部分在坎事和采暖上，而采暖能耗又占生活能耗的大部分。落地式炕灶综合热效率不足45%。

（3）预制组装架空炕（吊炕），架空火炕的底板用几个立柱支撑而成，炕体吊于半空，故又称“吊炕”。预制组装架空炕结构，由底板支柱、底板、面板支柱、面板、后阻烟墙、烟插板等组成，其构件均可工厂化生产，进行组装式搭砌。近几年在农村大力推广的高效节能炕灶，可提高直接燃烧的热能利用率。

（4）高效节能炕灶是指组装架空炕与节能灶的组合系统，是按照燃烧和传热的科学原理，合理地进行了设计，对炉灶的热平衡和经济运行进行优选。高效节能炕灶结构合理，通风良好，柴草燃烧充分，炉灶上火快，传热和保温性能好，炕灶综合热效率可以达到70%以上。

第四章　建设美好乡村　打造生态文明家园

第一节　生态文明的含义

一、生态文明的含义

生态文明就是指人与自然、人与人、人与社会和谐共生，良性循环，全面发展，持续繁荣。要实现生态文明，首要一点就是要爱护环境，节约资源。

建设生态文明，是关系人民福祉、关乎民族未来的长远大计。面对资源约束趋紧、环境污染严重、生态系统退化的严峻形势，必须树立尊重自然、顺应自然、保护自然的生态文明理念，把生态文明建设放在突出地位，融入经济建设、政治建设、文化建设、社会建设各方面和全过程，努力建设美丽中国，实现中华民族永续发展。

坚持节约资源和保护环境的基本国策，坚持节约优先、保护优先、自然恢复为主的方针，着力推进绿色发展、循环发展、低碳发展，形成节约资源和保护环境的空间格局、产业结构、生产方式、生活方式，从源头上扭转生态环境恶化趋势，为人民创造良好生产生活环境，为全球生态安全做出贡献。

一是要优化国土空间开发格局。要按照人口资源环境相均衡、经济社会生态效益相统一的原则，控制开发强度，调整空间结构，促进生产空间集约高效、生活空间宜居适度、生态空间山清水秀，给自然留下更多修复空间，给农业留下更多良田，给子孙后代留下天蓝、地绿、水净的美好家园。加快实施主体功能区战略，推动各地区严格按照主体功能定位发展，构建科学合理的城市化格局、农业发展格局、生态安全格局。提高海洋资源开发能力，坚决维护国家海洋权益，建设海洋强国。

二是要全面促进资源节约。要节约集约利用资源，推动资源利用方式根本转变，加强全过程节约管理，大幅降低能源、水、土地消耗强度，提高利用效率和效益。推动能源生产和消费革命，支持节能低碳产业和新能源、可再生能源发展，确保国家能源安全。加强水源地保护和用水总量管理，建设节水型社会。严守耕地保护红线，严格土地用途管制。加强矿产资源勘查、保护、合理开发。发展循环经济，促进生产、流通、消费过程的减量化、再利用、资源化。

三是要加大自然生态系统和环境保护力度。要实施重大生态修复工程，增强生态产品生产能力，推进荒漠化、石漠化、水土流失综合治理。加快水利建设，加强防灾减灾体系建设。坚持预防为主、综合治理，以解决损害群众健康突出环境问题为重点，强化水、大气、土壤等污染防治。坚持共同但有区别的责任原则、公平原则、各自能力原则，同国际社会一道积极应对全球气候变化。

四是要加强生态文明制度建设。要把资源消耗、环境损害、生态效益纳入经济社会发展评价体系，建立体现生态文明要求的目标体系、考核办法、奖惩机制。建立国土空间开发保护制度，完善最严格的耕地保护制度、水资源管理制度、环境保护制度。深化资源性产品价格和税费改革，建立反映市场供求和资源稀缺程度、体现生态价值和代际补偿的资源有偿使用制度和生态补偿制度。加强环境监管，健全生态环境保护责任追究制度和环境损害赔偿制度。加强生态文明宣传教育，增强全民节约意识、环保意识、生态意识，形成合理消费的社会风尚，营造爱护生态环境的良好风气。

报告中要求：“我们一定要更加自觉地珍爱自然，更加积极地保护生态，努力走向社会主义生态文明新时代。”

十九大报告把生态文明建设提升到了前所未有的高度，并强调要将之融入到经济、政治、文化和社会四大建设的各个方面，这是对十九大报告关于生态文明表述的继承与深化。

2007 年党的十七大报告中提出：“要建设生态文明，基本形成节约能源资源和保护生态环境的产业结构、增长方式、消费模式。”明确提出要使主要污染物排放得到有效控制，生态环境质量得到明显改善，生态文明观念在全社会牢固树立。正是从这里开始，建设生态文明大国成为我国的一项基本国策。

那么什么是生态文明呢？简单点说，生态文明就是指人类遵循人、自然和社会和谐发展这一客观规律而取得的物质与精神成果的总和，人与自然、人与人、人与社会和谐共生、良性循环、全面发展、持续繁荣为基本宗旨的文化伦理形态。说到生态文明，有必要回顾一下我们人类历史上的文明建设。在人类历史上，曾经经历了三个阶段的文明。首先是原始文明，在石器时代，那时人们需要依赖集体的力量才能生存，物质生产活动主要靠简单的采集、渔猎，遵循的是按需分配。接着是农业文明，这时铁器的出现使人改造自然的能力产生了质的飞跃。第三阶段是工业文明，开始于 18 世纪的英国工业革命。工业文明以环境污染为代价，换来人类社会的大发展，因而又称“黑色文明”。

生态文明是人类文明的一种更高级形态，不同于前面 3 个阶段的是，它以尊重和维护自然为前提，以人与自然、人与人和谐共处为宗旨，着眼于持续、和谐发展。它强调人的自觉与自律，强调人与自然环境的相互依存、相互促进、共处共融，既追求人与生态的和谐，也追求人与人的和谐，因而是一种“绿色文明”。生态文明突出生态的重要，强调尊重和保护环境，强调人类在改造自然的同时必须尊重和爱护自然，而不能随心所欲，盲目蛮干，为所欲为。

人对环境问题认识的进步，是以严酷的教训为代价的。目前，各种环境问题在困扰着我们，在威胁着我们的健康和生存。我们必须改变旧有的思想，必须了解到人与自然并不是统治与被统治、征服与被征服的关系，而是相互依存、和谐共处、共同促进的关系。我们关爱自然，自然也就会爱我们。

二、生态文明与中华文明的联系

以儒、佛、道为核心的中华文明，向来讲究人与自然平等、和谐相处。现代的生态文明建设，必须与几千年传承下来的中华文明相融合。

唐代的孔颖达在注疏《尚书》时说："经天纬地曰文，照临四方曰明。""经天纬地"指的就是改造大自然，而"照临四方"则是指驱走愚昧。也就是说，人类的文明需要通过认识自然、改造自然得到发展。人与自然的关系，不同人有不同的看法，有些人认为人是自然的主人，人可以按照自己的想法随意改造自然；另有一些人认为人与自然是平等的关系，人需要与自然和谐相处才能发展进步。这里，先来看看我国古代的儒、道、佛三教分别是怎样对待大自然的。

儒家主张"天人合一"，肯定人与自然界的一体。下面我们举几句经典的话语来阐释一下。"与天地相似，故不违。"就是说，人要顺应天和地，这样才不会违背大自然，才会发展。"天地变化，圣人效之。"就是说，天地自然的变化，圣人都需要去效仿。"知周乎万物，而道济天下，故不过。"就是说，只有了解了周围的万事万物，行为才不会产生差错。总而言之，儒家主张以仁爱之心对待自然，体现了以人为本的价值取向和人文精神。《中庸》说："能尽人之性，则能尽物之性；能尽物之性，则可以赞天地之化育；可以赞天地之化育，则可以与天地参矣。”讲的正是人与自然和谐、共同发展的道理。

道家强调人要以尊重自然规律为最高准则，以崇尚自然效法天地作为人生行为的基本皈依，强调人必须顺应自然，达到“天地与我并生，而万物与我为一”的境界。

佛家认为万物是佛性的统一，众生平等，万物皆有生存的权利。《涅槃经》说：“一切众生悉有佛性，如来常住无有变异。”认为自然万物都有灵性，人只不过是万物中的一种，而万物都是平等的。

以儒、佛、道为核心的中华文明，在几千年的发展历程中，形成了人与自然平等、和谐相处的生态伦理思想。

在具体做法上，历朝历代都不乏有关生态环境保护的律令。如《逸周书》说：“禹之禁，春三月，山林不登斧斤。”认为三月时不能砍伐，因为春天树木刚刚复苏。那么什么时候砍伐呢？《周礼》载：“草木零落，然后入山林。”也就是说，秋冬季节是砍伐的恰当时期。《孟子·梁惠王上》也说：“斧斤以时入山林，林木不可胜用也。”说出了顺应自然带来的好处。

中华文明虽然是工业文明的迟到者，但中华文明的基本精神却与生态文明的内在要求基本一致，从政治社会制度到文化哲学艺术，无不闪烁着生态智慧的光芒。生态伦理思想本来就是中国传统文化的主要内涵之一，这使我们有可能率先反思并超越自文艺复兴以来就主导人类的“物化文明”，成为生态文明的率先响应者。

但传统中华文明如果想为生态文明的形成和实践做出贡献，也同样面临着创新发展的问题。这就须要用生态理性来审视我们的发展原则。生态理性认为，只有当与环境的现实要求结合起来考察人类理性时，才能正确评判人类的行为。

我们虽然身在中国文化之中，但主导我们现代化实践的主要逻辑仍然是西方式的。西方传统工业现代化的模式最终是难以复制的，尤其是对于中国来说，这意味着更加深刻的资源环境冲突。所以，用中华文明来校正我们的现代化方向，理顺我们的文化结构，使中华文明的生态智慧成为生态文明的重要组成部分，尤为必要。

三、生态文明与美丽中国的关系

生态文明建设成为党的十八大报告中的一大亮点，是尊重自然、顺应自然、保护自然的生态文明理念。努力形成人人关心、人人珍惜、人人爱护生态环境的良好氛围，让我们看到建设美丽中国的希望。

近期，“生态文明”“美丽中国”这些充满活力与希望的词语迅速成为人们热议的焦点。推进生态文明建设成为了党的十八大报告中的一大亮点，也是当今中国社会各界关注的重大话题。

从经济建设、政治建设、文化建设的“三位一体”，到经济建设、政治建设、文化建设和社会建设的“四位一体”，再到十八大提出社会主义现代化经济建设、政治建设、文化建设、社会建设和生态文明建设的“五位一体”的总体布局，生态文明地位的提高，顺应了时代的要求、民意的呼唤，同时也体现了党和国家对生态文明建设愈发重视，以及对生态发展规律认识的更加深刻。

生态文明建设是中国特色社会主义发展模式的基础，将生态文明建设与经济建设、政治建设、文化建设、社会建设并列，构成“五位一体”的现代化建设格局，具有重大而深远的意义。这也说明了我们对持续发展的规律以及自然资源的合理利用的认识都进入了一个新的高度，也为今后的发展指明了方向与道路。

党和国家对于生态文明的重视与关注引发我们思考：什么

是生态文明？为什么党和国家要将生态文明提升到这样一个高度？

生态文明是一种新的文明形态。它与传统的农业文明、工业文明似乎存在着很大的不同。生态文明所涵盖的范围比较广泛，它提倡的是人与自然和谐相处，同时也关系到国家和民族的可持续发展。人类在创造辉煌的物质文明和精神文明的同时，也面临着难以承受的资源危机和环境危机，人们开始渴望一种新的文明形态的出现。生态文明建设就是对这种要求的积极回应，它倡导人与自然的协调发展，在改造世界的同时保护好地球。

自改革开放以来，我国的工业化突飞猛进。然而，当中国的经济正在迅速崛起的同时，也日益面临着资源紧缺、环境污染、生态系统被破坏等一系列的困扰。科学技术极大地提高了人类控制自然和改造自然的能力，但是，科学技术在运用于社会时所遇到的问题也越来越突出。当中国基本上摆脱了贫穷与落后，当国人的钱包日益鼓起来的时候，人们也越来越深切地体会到，物质生活的丰富与否并不是衡量生活质量优劣的全部，并不能说人们过上了好日子就幸福了。清新的空气、干净的水、适宜居住的环境以及放心的食品也是幸福生活的必备要素。因此我们不难发现，随着生活水平的不断提升，人民群众对环境质量、生存健康的关注程度也越来越高。

综观整个世界，许多发达国家在其工业化的进程中都不同程度地遭遇到了环境问题。

如今的中国已超越英、法、德、日，迅速成长为世界第二大经济体。但与此同时，西方国家多年工业化进程中出现的人与自然不协调的生态环境问题，在我国发展的现阶段已集中体现出来。

随着科学技术的发展，人类活动开始越来越频繁地影响着生态环境：全球气候变暖、一些重点水域水污染严重、部分城市雾霾天气增多、土地沙化、水土流失——全球生态问题日益突出。这些现象都敲响了保护自然的警钟。我们必须正视这样一个现实：我国生态环境整体处于恶化趋势的局面还未得到根本扭转，其造成的损失及负面影响还在扩大。水体、土壤、生物、空气等组成的人类赖以生存的生态环境，是维系社会经济发展的基础。人类每一次进步和发展，都离不开生态环境各要素的综合支持，需要我们共同树立人与自然和谐相处的理念。

或许有人会讲，生态文明的建设与社会经济的发展本身就是一对不可调和的矛盾，把生态文明提升到如此之高度，势必会影响甚至阻碍社会的发展。这种说法看似正确，实则不然。我国正处于并将长期处于社会主义初级阶段，经济发展不足和生态保护不够的问题同时存在。忽视对资源环境的保护，经济建设难以得到长足的发展与进步，即使一时搞上去最终也要付出相当沉重的环境代价。建设生态文明绝不是要放弃对物质生活的追求，回到刀耕火种的生活方式，而是要超越和扬弃传统的粗放型发展方式和不合理的消费模式，全面提升社会的文明理念和素质，使人类活动限制在自然环境可承受的范围之内，从粗放型的以过度消耗资源、破坏环境为代价的增长模式，向增强可持续发展能力、实现经济社会又好又快发展的模式转变。这样既立足当前，又着眼长远，在促进人与自然和谐的同时，保障经济社会的可持续发展。因此我们可以这样说：只有大力推进生态文明建设，才能真正促进经济持续稳定健康发展。

推进生态文明建设就是要求建设低投入、高产出，低消耗、少排放，能循环、可持续的国民经济体系，建立节约型生产方式、生活方式和消费模式，建设资源节约型社会、环境友好型社会、气候适应型社会，这将会涉及社会的各阶层、各方面、各行业。我们首先要使生态文明的建设目标贯彻到经济社会发展的各个方面。其次要从根本上转变经济发展方式，着力推进循环发展、低碳发展，形成节约资源和保护环境的生产方式、生活方式，从源头上扭转生态环境恶化趋势。与此同时，要加快建立健全生态文明建设体制机制，完善相关立法。

最后，还需要全社会共同积极参与生态文明建设，牢固树立尊重自然、顺应自然、保护自然的生态文明理念，努力形成人人关心、人人珍惜、人人爱护生态环境的良好氛围。建设生态文明，归根结底还是要从环境保护上做起。环境保护取得的任何成效，都是对建设生态文明和美丽中国的积极贡献。环境保护对我们来说并不是一个新问题，我国政府也早就提出了明确的治理目标。作为现实生活中的每一个普通人，里然不可能直接从事环境保护工作，但我们完全可以从小事做起，从我做起。这提醒我们，全面的环境保护和全民族环保意识的普及与提高，决非轻而易举。环境保护不仅仅包括动物、森林的保护，以及防止大气和水的污染这样一些大事，也包括我们周围生活中无处不在的各种小事。十年间，我国提高了高污染、高排放行业的环境准入门槛，颁布了清洁生产标准，建立了落后产能淘汰机制，实施了新的饮用水卫生标准，推进了 PM2.5 等新国标的监测——这些成效让我们看到建设美丽中国的希望。

实现美丽中国，我们的责任如下。

必须树立尊重自然、顺应自然、保护自然的生态文明理念，把生态文明建设放在突出地位。

坚持节约资源和保护环境的基本国策，着力推进绿色发展、循环发展、低碳发展，形成节约资源和保护环境的产业结构、生产方式、生活方式，为人民创造良好生产生活环境，为全球生态安全做出贡献。

第二节　如何建设农村生态文明家园

一、农村生态文明家园的建设的目标

农村生态家园就是以沼气为纽带，将畜牧业、种植业等科学合理地结合在一起，逐步做到家居温暖清洁化、庭园经济高效化和农业生产无害化。

现在的新农村建设，目标就是建设生态农村、建设农村生态家园。那么什么是农村生态家园呢？简单地说，就是以户为单位，在一个农户内，选定可行的农村能源项目，即建一座沼气池、一个节能灶，安装一台太阳能热水器，有条件的农户安装一台微水电，有必要的建一个地头水柜，结合进行改厨、改厕、改水、改路、改房、改畜圈禽舍等工作集成配套建设，形成以农村能源为纽带，带动一个小猪场、一个小果园、一个小菜园、一个小鱼塘建设，形成农户基本生活、生产内部的良性生态循环，取得改善生态环境、增加农民收入、促进农户脱贫致富的综合效益，达到农户庭院经济高效化、农业生产无害化、家居环境清洁美化。

农村生态家园是农业可持续发展的重要内容。它根据生态学原理，以沼气为纽带，将畜牧业、种植业等科学合理地结合在一起，通过优化整体农业资源，在农业生态系统内做到能量多级利用、物质良性循环，达到高产、优质、高效、低耗的目的，是一项可持续农业技术。通俗地说，就是农户通过建沼气池，利用人畜粪便、生活污水、农业废弃物等入池发酵，产生的沼气、沼液和沼渣用于日常生活和农业生产，从而形成农户生活—沼气发酵—生态农业的良性发展链条。

农村生态家园的具体目标是家居温暖清洁化、庭园经济高效化、农业生产无害化。

家居温暖清洁化的建设内容包括沼气池、太阳能热水器、太阳灶、太阳房、节能灶或高效预制组装架空坑连灶，由此解决农民的生活用能，提高农民的生活质量，并减少林、草等生物质能的消耗。

庭园经济高效化的建设内容包括“四位一体”“猪—沼—果”和“五配套”等能源生态模式工程，由此实现农民家庭内部农牧结合，促进种植业和养殖业的发展，提高农民收入。

农业生产无害化的建设包括沼液、沼渣等高效有机肥施用等相关生态农业技术，建设无公害农产品生产基地，由此提高当地农产品质量，带动农业向优质、高产、高效发展。

永记生态园是惠州唯一一所集教学、会议、旅游、休闲、度假、娱乐、服务于一身的现代化生态农庄。通过引进外国高科技农业技术，种植各式各样国内罕见的外国绿色蔬菜，产品销往海外各地。按照自然生态平衡的模式管理，进一步拓展了生态农业、观光农业的功能，是全国第一家成功通过 ISO9001 国际质量管理体系认证的蔬菜种植企业，成为国际级的生态示范园。

二、提倡建设农村生态家园

建设农村生态家园是社会发展的基本要求，也是保障人民身体健康的有效途径。国家提出了农村生态家园建设的具体目标。建设生态家园需要合力。

新农村建设，生态家园是一项很重要的内容。为什么要提倡农村生态家园的建设呢？这是人类社会发展的基本要求，也是保障人民身体健康的有效途径。那么农村的生态环保情况如何呢？公报也列出了一些具体数据。基本情况为：农业源普查对象为 2 899 638 个。其中种植业 38 239 个，畜禽养殖业 1 963 624个，水产养殖业 883 891个，典型地区（指巢湖、太湖、滇池和三峡库区四个流域）农村生活源 13 884个。农业源（不包括典型地区农村生活源）中主要水污染物排放（流失）量：化学需氧 1 324.09万吨，总氮 270.46 万吨，总磷 28.47 万吨，铜 2 452.09吨，锌 4 862.58吨。

（一）种植业

主要污染物流失（排放）情况：总氮流失量 159.78 万吨（其中，地表径流流失量 32.01 万吨，地下淋溶流失量 20.74 万吨，基础流失量 107.03 万吨），总磷流失量 10.87 万吨。地膜残留量 12.10 万吨，地膜回收率 80.3%。

（二）畜禽养殖业

主要污染物排放情况：主要水污染物排放量化学需氧量 1 268.26万吨，总氮 102.48 万吨，总磷 16.04 万吨，铜 2 397.23吨，锌 4 756.94吨。畜禽养殖业粪便产生量 2.43 亿吨，尿液产生量 1.63 亿吨。

（三）水产养殖业

主要污染物排放情况：化学需氧量 55.83 万吨，总氮 8.21 万吨，总磷 1.56 万吨，铜 54.85 吨，锌 1 05.63 吨。

农村生产生活中每年产生这么多的污染物，对生态环境产生巨大的影响。这些污染物对环境有多大的破坏，对人体就有多大的危害。因而，农村的生态家园建设势在必行。提倡建设农村生态家园，就是要坚持不懈地搞好生态环境保护，努力实现祖国秀美山川的宏伟目标。

国家对建设农村生态家园，分别提出了近期目标和远期目标。远期目标是，到 2030 年全面遏制生态环境恶化的趋势，使重要生态功能区、物种丰富区和重点资源开发区的生态环境得到有效保护，各大水系的一级支流源头区和国家重点保护湿地的生态环境得到改善；部分重要生态系统得到重建与恢复；全国 50%的县（市、区）实现秀美山川、自然生态系统良性循环。到 2050 年，力争全国生态环境得到全面改善，实现城乡环境清洁和自然生态系统良性循环，全国大部分地区实现秀美山川的宏伟目标。

建设农村生态家园，不是一个农户、一群农民就可以办到的，这须要我国9亿农民齐心协力，才会产生一个巨大的合力——合力使农村更生态、更和谐。

三、协调生态文明与科学发展

科学发展必须顺应生态文明，不讲生态环境的发展非常短视，造成的结果就是人与自然失调，人类面临生存危机。

人类社会的发展，离不开科学发展，而科学发展必须顺应生态文明，这是一个简单的道理，可就是这个简单的道理我们人类却摸索了几千年，并吃了大苦头。现代科学研究发现，人类文明的起落、文化的兴衰与生态环境的变迁息息相关。著名的历史学家汤因比在他的代表作《历史研究》中向世人公布了他的研究成果：世界古往今来共有26个文明，其中5个发育不全，13个已经消亡，还有7个也已经明显衰弱。衰落的文明，特别是那些消亡的文明，都直接或间接地和人与自然关系的不协调以及生态文明遭遇破坏有关，例如玛雅文明、苏美尔文明和复活节岛上的文明等。而人口膨胀、盲目开垦、过度砍伐森林等生态环境的破坏是其主要原因。换句话说，人类的文明衰落，根源就是人与自然失调。教训是惨痛的，我们需要反思，反思人类历史上人与自然的关系模式。

在多年的反思后，人们逐渐认识到，建设生态文明是科学发展观的一个有机组成部分。科学发展观的第一要义是发展，核心是以人为本，基本要求是全面协调可持续。这里的协调就包含了人与自然的协调、人与人的协调以及人与自身的协调。协调人与自然的关系，就是要建设生态文明。

中国文化自古以来就重视人与自然关系的和谐，现在更是如此。近几十年来，由于经济的发展，我国对环境的破坏比较严重，恶果现在也逐渐显现。正是基于这个原因，十七大代表、国家环保总局副局长潘岳指出："要实现经济又好又快地科学发展，应先从环保入手。科学发展观绝不能仅仅是单纯的发展模式的转变，实现发展的要义之一就是推进生态文明建设。"

科学发展是硬道理，是我们的生存之道，我们谁都不愿意回到愚昧的原始状态，但是只顾眼前利益不顾后果的发展，时间证明那是一个失败的发展、不科学的发展。再说，讲生态文明，讲天人协调，也不是要求人类放弃自己已有的科学文化知识，放弃自己的生产力，回到以前，而是要按照自然的生态规律来认识自然、探究自然、保护自然、利用自然。可持续发展观念就是要求我们时刻关注眼前和未来，合理协调环境资源与社会发展的关系，绝不能以牺牲生态为代价，这样才可真正保证做到健康发展、科学发展。

要科学发展，也要生态文明。要真正落实科学发展观，我们就必须以生态文明的观念转变增长模式，以科学发展观引导新发展，这样才能可持续发展。环保建设是可持续发展的前提和基础，环保所提倡的绿色生产和绿色消费是科学发展观的核心思想。环保建设不但可以促使国家生产方式的转变，也会促使社会消费方式的转变。

社会存在决定社会意识，社会意识对社会存在具有能动的反作用。人类的任何实践活动都是在一定的思想指导下进行的。从表象上看，引致生态环境恶化的原因是由人类非科学的活动造成的，是随着科学技术的快速发展和生产能力的巨大提高而产生的，但其根源却在于传统的人类中心主义价值观支撑的发展观和发展模式。"人类中心论"把人类自身看成是世界的中心、自然的主宰，一味对自然资源进行索取和掠夺性的开发，造成人与自然的二元对立，其结果破坏了自然环境的基本生态过程和"自然"的再生产能力，导致生态环境恶化。从这个意义上看，生态破坏、环境污染本身就是一种非科学、反“自然”的文化现象，生态危机实质上就是人类及人类文明的危机。

改革开放以来，我国经济社会发展成就巨大，但资源环境代价过大，这是我们的发展理论中缺少“生态文明”的要素，片面强调 GDP 增长，以牺牲环境来换取经济增长的发展模式所产生的必然结果，造成了经济发展与环境、生态严重的矛盾状态。这是一个深刻教训，应该引以为戒。十七大报告提出生态文明的理念，把生态理念和思想作为一种文明形态提出，实质上是从治国的高度上否定旧有的发展理念，从根本上纠正片面追求经济增长、不利于长远发展的错误执政理念；超越工业文明资源扩张型的发展摸式，实现从传统的“向自然宣战”“征服自然”等理念向“人与自然和谐相处”的理念转变；从粗放型的以过度消耗资源、破坏环境为代价的增长模式向增强可持续发展能力、实现经济社会又好又快发展的模式转变；从把“增长”简单地等同于“发展”的观念、重物轻人的发展观念向以“以人为本”、以人的全面发展为核心的发展理念转变，探索环境友好型的发展道路。因此说，“生态文明”不仅是环境保护工作的指导思想，更是一种重要的执政理念。

我们应该不断探索生态文明建设的有效途径。

建设生态文明为我们解决发展中的环境问题提供了理论和方法指导。当今的环境问题既是经济问题，又是社会问题，也是政治问题，不能孤立地就环境论环境，必须综合运用经济、法律、社会和行政等手段来解决。要努力做到以下几点。

树立明确的生态文明意识。生态文明意识是解决人与自然、人与环境平衡、和谐的关键所在。生态文明要求把人类的价值和终极关怀扩展到自然界，做到既利用和开发自然，又珍爱和保护自然，规范人类对自然的态度和行为，维护人与自然的协调发展。要按照生态文明建设的要求，创造良好的社会生活方式，形成以生态文明意识为主导，尊重自然、爱护自然的社会氛围和社会道德观念，树立以文明、健康、科学、和谐生活方式为主导的社会风气，增强全民的生态忧患意识、参与意识和责任意识。

建立健全生态法律制度体系。法律制度是文明的产物，它标示着人类文明进步的程度，法律的功能在于用刚性的制度约束人类自身的行为。我国环境问题严重的原因之一是环境法制不完善，“无法可依”和“执法不严”并存。必须建立和健全与现阶段经济社会发展特点和环境保护管理决策相一致的环境法规、政策、标准和技术体系，严格环境保护责任追究制度，尤其是刑事责任的追究制度，加大对违法超标排污企业的处罚力度，严惩环境违法行为。

充分运用市场经济手段。环境污染是经济发展与“自然界”失衡的外部性突出表现，要从根本上解决环境问题，必须从单一的行政办法保护环境转变为综合运用法律、经济、技术和必要的行政办法解决环境问题。其中，经济手段尤为重要。必须充分发挥市场的杠杆作用，按照“谁开发谁保护、谁破坏谁恢复、谁受益谁补偿”的原则，运用价格、税收、财政、信贷、收费、保险等经济手段，改变资源低价和环境无价的现状，形成科学合理的资源环境的补偿机制、投入机制、产权和使用权交易等机制，从根本上解决经济与环境、发展与环保的矛盾。

转变生产和消费方式。传统的生产方式是资源—产品—废物—排放单向度的线性模式，资源消耗大，产出效益低；生活方式以物质主义为原则，以高消费为特征，认为更多地消费资源就是对经济发展的贡献。生态文明以建立可持续的经济发展模式、健康合理的消费模式及和睦和谐的人际关系为主要内涵，倡导人与自然环境的相互依存、相互促进、共处共融。必须转变生产方式，从粗放型的以过度消耗资源破坏环境为代价的增长模式，向增强可持续发展能力、实现经济社会又好又快发展的模式转变；转变消费方式，以实用节约为原则，以适度消费为特征，崇尚精神和文化的享受。

第五章 注重乡村文明传承

第一节 新时期乡风民风概论

一、乡风民风的现状

《中共中央、国务院关于推进社会主义新农村建设的若干意见》明确指出："乡风文明"是农村精神文明建设的一个重要组成部分。当代中国社会的现代化进程正在加速，公民的文明素质已经有了很大的提高，这是有目共睹的事实。但不可否认，中国的文明发展进程与小康社会的建设进程一样，仍处于不全面、不平衡、低水平的状态。农村与城市的文明差距仍然很大，广大的农村仍然面临着社会转型时期的文化困境，由此带来了许多精神文明领域方面的问题，成为实现乡风文明的文化障碍。

（一）文化准备的不足

当代中国就像一位有着"工业文明的身躯、农业文明的脑袋"的巨人，一方面大规模的工业四处开花，另一方面则是思想意识的迟滞和落后。而中国农村更是随着中国社会的"三级两跳"，由传统的农业社会快速地步入了现代文明社会。随着中国社会文化转型的加快，原有的文化体系逐渐被打破，而新的文化体系尚未完善成型，传统与现代之间不可避免地产生着各种矛盾。

特别是改革开放以来，随着农村社会经济改革的不断深入和社会主义市场经济的发展，我国农村的社会经济基础发生了根本性的变化。农民的思想观念、价值观念、思维方式、生活方式、风俗习惯等也随之变化，传统的小农文化和计划体制下的文化价值观念受到强烈冲击，与现代市场经济和"全球化"相适应的市场意识、竞争意识、开放意识、创新意识、时效意识、民主法制观念及可持续发展观念等开始在农民中树立，但由于历史和环境的原因，自然经济、半自然经济在我国农村还大量存在，中国传统农村文化在中国农民身上的积淀非常厚重。这就使中国农民在"恋旧"与"更新"之间徘徊，形成文化心理上的传统与现代的激烈冲突，其突出表现为平均主义与效率优先、重农轻商与无商不富、家族主义与个体本位、道德主义与法治主义、安土重迁与离土离乡、安分守己与敢闯敢冒、多子多福与少生优生、勤俭持家与潇洒消费等之间的矛盾和冲突。这种传统与现代的冲突，不仅表现在农村中老年人与青年人之间，而且在同一个人的内心也交织着这些矛盾和冲突。其结果是，相当一部分农民现代意识还没有很好树立起来，突出表现在市场意识不强、法律意识不强、竞争意识不强、创新意识不强。

（二）多元文化的冲击

在中国农村，传统文化中有着许多纯朴的岁风民俗：孝敬父母，家庭和睦，邻里互助，诚实守信，勤俭持家，诗书传家，自立自强，致富有道，艰苦创业等，是社会和谐、乡村文明的基石。然而，随着经济全球化的推进，多元文化思潮也冲击着这片古老的大地，带来的是农民的思想意识和精神信仰的迷失。当前在广大农村，封建迷信死灰复燃，宗族矛盾时有发生；甚至过去只有在西方才有的拜金主义、享乐主义、极端个人主义不仅冲击着城市人的生活，而且还在广大农村滋生和蔓延，极大地损害了农村的社会风气。

多元文化结构下的文化心理矛盾如前所述，在社会转型期和全球化影响下的农村文化呈现出多元化的发展趋向。农村文化的多元化发展，使不同的利益主体之间的文化价值观念形成很大的反差，并由此形成矛盾和冲突。而且，同一利益群体或个体在文化开放和全球文化多元化背景下，也存在着一个根据自己的需要和文化价值理念进行不同的文化选择的问题。这种选择本身就存在着复杂的矛盾心态，尤其是对于文化素质不高的中国农民来说，在复杂的多元文化面前，往往显得无所适从，充分显示出这种文化选择上的矛盾心态。

（三）文化生活的缺失

胡锦涛同志在分析农村出现的新情况时就曾强调指出影响农民切身利益的三个问题："一是农民负担过重，二是农村精神文化生活堪忧，三是农村社会治安形势严峻。"在农村，几乎家家有牌局，而且大部分并非娱乐那么简单，一个春节输掉全年血汗钱的事并不罕见，还经常因为玩牌发生打架斗殴的事情，引发了许多社会治安问题。有农民这样描述自己的生活状况：3 个月种田，3 个月过年，3 个月耍钱，3 个月游闲。也有人这样描述农村文化的现状："三叫""四难"——"三叫"：早上听鸡叫，白天听鸟叫，晚上听狗叫；"四难"：看书难、看戏难、看电影难、收听收看广播电视难。还有一些地方封建迷信盛行，农村成了不良文化的温床。

从某种意义上说，农村几乎成了被主流文化遗忘的角落。农村文化的贫困，依然得不到根本改善；农民的寂寞，仍如野草般疯长，这样一个巨大的"市场"，便被一些人紧紧盯住，不分青红皂白地倾倒着文化垃圾。还有一些畸形消费现象：穿在银上、用在鬼上、吃在酒上。一个普通农民的葬礼就能消费掉一个普通农户一年的纯收入，葬礼消费和人情债成了农民经济生活的一个沉重负担。健康的文化生活缺位，致使一些内容低俗的娱乐活动如脱衣舞等轻而易举地侵入农村，农村文化建设刻不容缓。

（四）文化设施的落后

据报道，在我国，文化事业费占国家财政总支出的比例本来就不高，而文化投入又偏重于城市。据统计，文化事业费中城市占 71.9%，农村占 22.1%；文化事业费中东部地区占 78.3%，西部地区占 21.7%。目前，在我国广大的农村存在着文化、教育、卫生等基础设施、软件建设方面明显滞后的问题。近几年，虽然农村的教育教学条件有了很大的改善，但是地处偏远的农村师资力量缺乏，学校的管理明显滞后于城区，很多家庭被迫借债送自己的子女进城区的学校就读。另外，虽然有些农村的经济发展了，农民的口袋鼓起来了，生活条件渐渐好了，基本上不愁吃穿，农民对生活质量的要求也越来越高了，但是目前农村的大环境、大面貌还不能适应乡风文明的要求，主要是文化基础设施远远不能满足广大农民的精神文化需求。有学者曾在调查中发现，经济发展较好的农村，文化设施较好，每户年均文化消费可达两三千元；而有些山区农村，农民一年还看不上一场电影、一场戏。各级政府和有关部门虽年年组织文化下乡，但总是鞭长莫及，难以惠泽八方。部分山区农村文化设施陈旧不堪，有的乡镇文化站的设备还是一个书架、两个报夹、三副扑克，还停留于 20 世纪五六十年代水平。公共文化设施匮乏，客观上也导致农村文化活动方式单调、内容贫乏。

二、乡风民风建设理论

（一）乡风文明的概念

1. 乡风

乡风指的是一个地方人们的生活习惯、心理特征和文化习俗长期积淀而成的精神风貌，字面含义是风气、风俗、风尚，就是民风民俗。它既包括观念形态的信仰、观念、意识、操守，知识形态的关于社会和自然各方面的知识，也包括物质形态的生产、生活中物质对象的形制和功能特点，还包括制度形态的礼制、习惯、规约、道德规范等行为规范，属于文化的范畴，涉及人类生产、生活的各个领域、各个方面。从社会学意义上讲，乡风是由自然条件的不同或社会文化的差异而造成的特定多村社区内人们共同遵守的行为模式或规范，是特定乡村社区内人们的观爱好、礼节、风俗、习惯、传统和行为方式的总和，并在一定时期和一定范围内被人们仿效、传播和流行。文明的乡风应以人为本，反映时代精神，顺应历史发展，并体现人文精神、时代精神、历史演进三者相一致、相协调。乡风不能用标尺来定位，也无法用金钱来度量，但当人们用自己的行为展示出纯洁、表达出诚意、折射出高尚时，乡风就成为一种无形的财富。因此，无论从词义本身的角度还是从社会学的角度而言，乡风其实是一种依赖于特定农村区域的地理环境、社会生活方式及历史文化传统所形成的一种地域性乡村文化，即它是一个内涵十分丰富的文化概念。

2. 乡风文明

作为农村的一种区域文化，乡风文明直接反映了人们的思想观念和行为方式，是社会关系最外在的表现形式。乡风文明有以下特征：一是乡风文明的形成是一个自然的、历史的演进过程。乡风文明反映了人们自身的现代化的要求，是人们物质需要和精神需要得到相对满足的体现，是一种健康向上的精神风貌。同时，乡风文明反映了时代的精神特征，也体现了历史发展的要求。二是乡风文明是特定社会经济、政治、文化和道德等状况的综合反映，是特定的物质文明、精神文明和政治文明相互作用的产物。三是乡风文明建设是一个复杂的系统工程，它涉及社会经济、政治、文化和道德建设的各个层面。

3. 乡风文明的主体及培育

既然乡风文明体现的是以人为本的理念，反映时代精神并顺应历史发展，那么，乡风文明本质上体现的应该是人与人的关系，是农村或者农村社区范围内，居民之间、邻里之间及生产生活中所体现出的文明、祥和、和谐的社会关系。因此，乡风文明的主体是人，是农村居民或者农村社区居民，当然包括有文化、懂技术、会经营的新型农民，同时也涉及城镇、城郊农村的外来务工、就业人员。乡风文明主体培育是指在建设社会主义新农村的背景下，以科学发展观为指导，体现以人为本，适应当代中国城镇化、工业化、现代化发展趋势，着力提高农民（或城镇外来务工人员）综合素质的一项社会化的管理、教育和服务的综合性社会实践活动。

（二）社会主义新农村乡风文明的内涵

社会主义新农村乡风文明实际上就是农村文化建设的问题，包括文化、风俗、社会治安等方面。它是农村文化的一种状态，是一种有别于城市文化，也有别于以往农村传统文化的一种新型的乡村文化。其本质是推进农民的知识化、文明化、现代化，实现农民“人”的全面发展。

乡风文明建设的主要内容包括农村思想道德建设和农村文化教育建设，是社会主义新农村思想道德建设的基本要求，体现着社会主义新农村的思想道德境界，是农村新生活、新文化、新风尚、新农民的综合体现。它具体表现为农民在思想观念、道德规范、知识水平、素质修养、行为方式及人与人、人与社会、人与自然的关系等方面继承和发扬民族文化的优良传统，摒弃传统文化中的消极落后因素，适应当今经济社会发展并不断有所创新，形成的积极、健康、向上的文化内涵、社会风气和精神面貌。

乡风文明的总体要求，就是要大力发展教育、文化、卫生和体育等各项社会事业，不断提高农民群众的思想、文化、道德水平，重建农村精神家园，丰富农村文化生活，形成崇尚文明、崇尚科学、健康向上的社会风气。乡风文明的核心应该是推动和引导广大农民树立适应建设社会主义新农村的思想观念和文明意识，养成科学文明的生活方式，提高农民的整体素质，培养造就有文化、懂技术、会经营的新型农民。乡风文明建设的目标是在农村营造生气勃勃、富于创造、勇于进取的思想文化环境，营造科学健康、文明向上的社会风貌，为新农村建设提供好思想保证、精神动力、智力支持和文化支撑。

推进乡风文明建设就是：要加强农村精神文明建设，不断提高农民的思想道德素质和科学文化素质；要形成文化娱乐设施齐备、文化体育活动丰富、民风民俗淳朴健康的精神风貌；要形成乡规民约健全、遵纪守法观念深入、村间邻里和睦、治安措施保障有力的和谐生活环境。社会主义新农村建设所需要的新观念、新风尚要依靠乡风文明建设来传播，所需要的人文精神、创业精神要依靠乡风文明建设来培育，所需要的舆论氛围、社会环境要依靠乡风文明建设来营造。乡风文明，第一次被中央文件提到了如此的高度，更加说明了其在新农村建设中所处的至关重要的位置。

乡风文明是一个自然的、历史的演进过程，它反映了人们自身现代化的要求，是人们物质需要和精神需要得到相对满足的体现，是一种健康向上的精神风貌。同时，乡风文明反映了时代的精神特征，是历史发展的要求。它是特定社会经济、政治、文化和道德等状况的综合反映，是特定的物质文明、精神文明和政治文明相互作用的产物。

（三）社会主义新农村乡风文明的本质

社会主义新农村的乡风文明，本质是推进农民的知识化、文明化、现代化，实现农民的全面发展。规定如下。

一是新农村的乡风文明是以马克思列宁主义、毛泽东思想、邓小平理论体系为指导的精神文化建设。新农村文化建设中，坚持突出科学发展观，明确工作方向，理清工作思路，贴近实际、贴近生活、贴近群众，唱响主旋律，大力发展先进文化，支持健康有益文化，努力改造落后文化，坚决抵制腐朽文化，确保新农村文化事业沿着正确的方向前进。

二是新农村的乡风文明是一种具有先进品格的文化。“三个面向”要求农村乡风文明必须打破长期城乡二元经济社会结构下形成的封闭、落后的惰性状态，以更加积极的姿态，形成更加开放、更有活力、具备较为完善的自新机制和较强的自新能力的文化，革除文化积累中的糟粕，继承优秀文化传统，导入现代文明因素，不同于城市文化而又与城市文化相对接、相兼容，具有鲜明特色和现代品格的文化内涵。

三是新农村的乡风文明是一种村庄文化。这种村庄文化，应积极适应并充分反映现代农村经济社会发展现状。在以家庭为核心，以血缘关系、地缘关系为主要纽带连接成共同体的传统村庄文化的基础上，逐渐过渡到以产业为核心，以业缘关系为主干，血缘关系、地缘关系为两翼，多条纽带连接成的文化共同体，促进生产发展和社会和谐。

四是新农村乡风文明与社会主义新农村的整体建设目标相适应。作为社会主义新农村建设的目标之一。乡风文明既有自己的相对独立性，对农村物质文明、政治文明建设有着巨大的推动作用，又受农村政治文明尤其是物质文明的制约，因此，乡风文明必须与新农村建设的整体目标相适应、相协调。

社会主义新农村是在社会主义制度下、反映一定时期农村社会以经济发展为基础、以社会全面进步为标志的一种社会状态，它既有物质层面（生产发展、生活宽裕），又有精神文明方面（乡风文明、村容整洁），还有政治文明范畴（管理民主），而且这三个方面是一个有机的整体。新农村的建设是一项长期的任务，是一个历史性的进程，它要求我们不能急于求成，也不能顾此失彼，而要尊重农民意愿，统筹兼顾，全面落实好“二十字”目标。

“乡风文明”作为农村社会主义精神文明的一个重要组成部分，与其他三种文明相比，则处于更为突出的地位和具有更为重要的作用。这种地位和作用，由乡风文明的基本内涵及它所具有的文化功能所决定。社会主义新农村的乡风文明，既有承传古朴民风的一面，也有创建现代文明风尚的一面，它的实质和核心是农民的知识化、文明化、现代化。建设新农村的乡风文明，就是要在农村形成积极、健康、向上的社会风气和精神风貌，推动和引导广大农民树立崭新的思想观念和文明意识，养成科学文明的生活方式，提高农民的整体素质，培养造就有文化、懂技术、会经营的新型农民，从而实现农民的全面发展。

三、乡风民风建设规划

促进乡风文明，必须明确乡文明建设的主要内容，这样才能做到有的放矢。我们认为，乡风文明建设应包括整体的道德理念、良好的精神面貌、较高的文化素养、健康的生活风尚等方面。

（一）加强农民基本道德规范

农民基本道德规范是形成乡风文明的基础，要渗透在整个社会生活中。必须大力宣传《公民道德实施纲要》，扎实开展多种形式的宣传教育活动。广泛发动群众参与富有乡村特色的文明创建活动，切实加强农民思想道德教育。

当前，尤其要深入开展社会主义核心价值观宣传教育活动，引导和教育农民群众明是非、辨善恶、识美丑，逐渐树立品德端正不违法、应缴税（费）不拖欠、家庭和睦不拌嘴、孝敬老人不忤逆、邻里互帮不生非、崇尚科学不迷信、健康娱乐不赌博、移风易俗不浪费等社会风尚，形成有利于农村发展的良好风气。同时，促进乡风文明，离不开对先进典型的学习和宣传。

在社会主义新农村建设中，要立足农村实际，从群众身边选典型，注重群众公认，依靠群众推典型，保持典型本色，拉近典型与群众距离，树立一批有时代特征、有感人魅力、有一定群众基础的先进典型，进而在整个农村形成崇尚先进、学习先进、追随先进的良好风尚，为建设乡风文明提供强大的精神支撑。

（二）鼓励良好的村风民风

村风民风直接能够反映农民思想道德整体水平的高低，直接体现农村精神文明建设的成效。其中村风是民风的集中体现，民风则是村风的主要组成部分，二者相辅相成。实现村风民风好转的根本途径是加强农村社会主义精神文明建设，提高广大农民的素质，让先进的文化、思想占领农村阵地，与不良社会风气作斗争，从而形成良好的社会风尚。要广泛深入地开展移风易俗活动，消除不文明行为，大力弘扬好人好，打击歪风邪气，驱邪扶正，以正压邪。

此外，还要引导农民群众树立现代文明的生活理念，促进农民逐步克服世代沿袭下来的一些根深蒂固的落后习俗，逐步摒弃落后的生活方式和不良的生活习惯，逐步由传统生活方式向现代文明生活方式转变，自觉认同和逐步养成科学、健康、文明的生活方式。

（三）加大农村文化设施建设的投入

一是要完善农村文化基础设施建设的资金投入机制。必须把乡风文明建设资金纳入财政计划，要设立专项资金，使乡风文明建设拥有健康发展的物质基础。要采取财政投入一点、部门支持一点、社会赞助一点、市场运作一点的办法，尽快建立多渠道、多层次的资金投入机制。

二是建立完善的农村文化基础设施。要坚持以政府为主导，以乡镇为依托，以村为重点，以农户为对象，发展县、乡镇、村文化设施和文化活动场所，形成农村公共文化服务网络，满足农民群众多层次、多方面的精神文化需求。要加大“村村通”广播电视工程建设力度；要加快乡镇文化站和行政村文化活动室建设，并以文化站为核心，建立和完善图书阅览室、影剧院、文化广场、网络服务中心等文化设施；要利用全民健身运动的东风推动农村体育事业发展，大众体育运动和健身设施建设要向农村倾斜；加强对农村基础教育资源的合理配置，要实行城乡统筹解决农村基础教育师资不足和办学条件差的问题，特别要切实解决中小学危房问题。

三是抓好农村文化娱乐队伍建设。积极扶持农民合唱队、民乐团等农村民间文艺团体；引导农民自发成立龙舟队、秧歌队、腰鼓队、舞龙舞狮队等文化体育组织。

（四）丰富农民群众的精神文化生活

文化人才要抓好精神文化产品创作生产，开展多样化的群众文化活动，做好民族民间文化保护工作。要加大面向“三农”的精神文化产品创作生产力度，特别要重视政策法规类、信息知识类和文体娱乐类等文化产品的创作生产，新闻媒体开办为“三农”服务的专栏、专版和节目，文艺生产单位创作为“三农”服务的文艺作品，宣传部门编写面向“三农”的宣传教育资料。要加大送文化下基层的力度，积极开展送电影下乡、送演出到村落、送图书给农民、宣讲活动进农村等活动，组织宣传文化工作者下基层调研，把文化资源全方位地配送到农村。

此外，要加大基层文化队伍建设力度，着力培养群众文化工作者、民间艺人、专业文化工作者、综合执法管理人员等多支文化人才队伍。同时，还要大力培育和造就新一代有理想、有道德、有文化、懂科技的新型农民。农民是新农村建设的主体。建设社会主义新农村，急需培养、造就千千万万高素质的新型农民，这是新农村建设最本质、最核心的内容，也是最为迫切的要求。只有不断提高农民的综合素质，增强农民的发展意识、效率意识、竞争意识，才能促进农村“三个文明”协调发展，进而形成良好的道德规范和社会风尚，促进社会主义新农村的现代化进程。

第二节　好家风好家训　涵育文明乡风

一、家训家风的历史与现实

（一）家训家风历史溯源

家训，是传统宗法社会父母用以训诫子孙的立身治家之言。家训大体是在宗族组织出现后，伴随着宗法制度的确立而逐渐形成和发展起来的，它与我国的社会性质密切相关。家风，是一个家庭在世代传承中形成的一种较为稳定的道德规范、传统习惯、为人之道、生活作风和生活方式的总和。在中国，人们喜欢以家训的方式传承家风，或者说，家训是中国人期望家风长久流传的最主要表达方式。

中华文明上下五千年，现在有文字记载的家风教育大概就是西周初年周文王（姬昌）、周公（姬旦）的家训了。在《尚书》中，我们可以读到周公告诫侄子周成王（姬诵）的一篇诰辞。文中，周公告诫成王不要贪图安逸享乐，不要荒废政事，要安定民心。“知稼穑之艰难”，这样的家风教育至今还在延续着。

注重家风建设是我国历史上众多仁人志士的立家之本，体现的是道德的力量。司马光训子节俭朴素；诸葛亮训子加强道德修养，不断学习，清心寡欲，静思反省，不急不躁；颜之推教子少欲而足，虑祸养生；曾国藩要求家人勤快、节俭、坚持读书。从古至今，颜之推《颜氏家训》、诸葛亮《诫子书》、周怡《勉谕儿辈》、朱子《治家格言》、曾国藩《曾国藩家书》、傅雷《傅雷家书》等都在民间广为流传，闪烁着良好家风的思想光芒。历史上的“孟母三迁”“岳母刺字”等典故，同样展现着良好的家风。“非淡泊无以明志，非宁静无以致远”“常将有日思无日，莫待无时思有时”“莫贪意外之财，莫饮过量之酒”等教子中的古训至今为世人尊崇。好的家风不但对自己有利、对子女和家人有利，也逐步影响着大众的道德水平与社会的风气。

中国被称为礼仪之邦，古人讲忠孝仁义礼智信廉，讲勤俭持家，重视家庭伦理，这些传统美德是家训文化的精华所在。可以说，一代代的家训传承和发展了中华民族的文化。

（二）传统家训文化的特征

传统家训文化的特征之一是与儒家思想保持一致。即它是以儒家的“修身齐家治国”说为蓝本，主要反映了儒家文化精神。这是历代家训纂修者所遵循的一项基本原则。他们视家训为国之政理，家政不修，是没有资格言天下事的。从中国家训文化的发展史看，先秦时期的家训就直接体现在以孔孟为代表的儒家对话语录中，反映在《书》《礼》《论语》《孟子》等典籍中。汉代以后出现的诸葛亮《诫外甥书》，颜之推的《颜氏家训》及其后的各种家训著作，体现的也是儒家文化精神。再从家训著作中的戒规、戒律看，大多使用的也是儒家术语，诸如“忠孝仁爱”“修身养性”“乐其名分”“存心尽公”等。可以说，中国传统家训文化始终是以儒家文化为指导，是在家训层面上对儒家文化进行的阐扬。

传统家训文化的特征之二是血缘性。家训文化存在的前提就是宗法家族和家庭共同体的存在。宗法家族和家庭共同体存在的前提是所有成员以相同的血缘关系为基础，并从这一血缘关系出发来联结其他亲属关系。所有家族和家庭共同体的成员都凭着血缘关系的身份证相互认同，组成一个紧密的整体，没有这一血缘关系的内在网络，这个群体也就不可能存在。自然而然，以宗法家族和家庭为基础的家训文化便具有血缘性。

传统家训文化特征之三是和谐性。就家庭方面说，中国人重视“家和万事兴”和“一体”观念。这在治家、持家等内容方面有很好的体现。清代朱柏庐《治家格言》：“家门和顺，虽饔飧不继，亦有余欢。”即是明显的一个例证。传统家训文化很注重家庭主义，而家庭主义最重要的要求是家庭高度的统一与和谐。家庭情感的纽带紧紧联系着个人的成功，个人的成功是全家的成功，个人的失败是全家的失败，个人的荣辱和志趣不被重视，每个人必须为家庭的理想奋斗。某人功成名就时，最大的满足不是自己有了成就，而是替家庭（家族）带来了荣誉。就家庭人际关系而言，家训也同样重视和谐与统一，价值观念在这里表现为一种整体意识，与西方的个体意识恰好相反。

传统家训文化特征之四是封闭性。其原因有二：一是家庭（家族）共同体长期以来的封闭性，历史上我国家庭模式主要有东汉魏晋以来形成的世家大族式的家庭模式、由个体小家庭组成的聚族而居的封建宗法家族组织和累世同居共财的大家庭，均呈现出封闭的特征。二是传统的自给自足的农业经济，这一点在农村表现尤为突出。

（三）家风家训建设与文明乡风

有学者认为，现在农村文化问题主要有两个：传统伦理趋于消解，现代法治尚未建立。许多农村比过去富了，但是不孝敬老人的现象却明显多了，和睦敦厚的邻里风气淡了，各种刑事案件却不断上升。现在，道德压力和约束力都在日益衰减，维系着数千年乡村自治的道德底线正在垮塌，乡村仿佛被现代文明和传统道德同时抛弃。

农村亟需加大文化建设，而传统文化应当成为重要源泉。中华文明被称为乡土文明，传统乡土之所以文明，是因为它曾经是儒家文化的沃土，祠堂、宗族、家谱、家庙、家训、家礼等构成了传承数千年之久的乡土文化体系，培育了传统乡村忠孝仁厚的风俗，成为中华文明生命活力经久不息的源泉。对农村而言，传统文化自然而然具有亲和力。

党的十四届六中全会《决议》指出，要“大力倡导尊老爱幼、男女平等、夫妻和睦、勤俭持家、邻里团结的家庭美德”，这些要求，都可以从传统家训文化中的精华部分中得到借鉴。传统家训内涵丰富，其精华部分为传统美德，比如尊老爱幼、勉学、勤俭、和睦乡邻、应世涉务、慎择朋友、克己让人等，许多方面都有一些精彩的议论和非凡的见识，有的至今仍能给人以真的启迪、善的讽劝和美的鉴赏，展示出永久的价值和魅力。

在农村乡土文明堪忧的情况下，重提家风家训建设，有着重要的意义。家训文化是中国传统文化的重要组成部分，传统家训内容丰富，其精华部分可为我们今天进行农村社会主义精神文明建设借鉴和利用。家庭建设影响着社会建设，好的家风会带动好的社会风气。所以，好家风就是一种正能量。我们要从每个家庭做起，让家家有个好家风、家家培育文明人。如此坚持下去，农村社会的正风正气就会集聚，乡土文明会重塑辉煌。

二、好家风好家训的挖掘与弘扬

在中国农村，许多村落延续千百年的家风家训蕴含着许多传统美德，如孝敬父母、家庭和睦、邻里互助、诚实守信、勤俭持家、诗书传家、自立自强、致富有道、艰苦创业等，是社会和谐、乡村文明的基石。

（一）松塘村——崇文善学

松塘村位于广东省佛山市南海区西樵镇西南部，是该镇上金陋村委会管辖的一个自然村。在宋代理宗年间（1225—1264年），松塘始祖区世来于广东南雄珠玑巷南迁至此，以姓名村，名为“区村”。开村 300 年后改名“松塘”，至今已有 800 年历史。自明清以来，这里文风兴盛，人才辈出，出过进士 15 人、翰林大学士 4 人，当地人也把村子誉为“翰林村”。

数百年来，松塘村始终人才辈出，其中最大的原因便是一直秉承着崇文尚学、读书积德的祖训。松塘文风的兴起，据说在明代嘉靖年间，当时村子里有一个小孩名叫区次颜，因其家庭贫困，自小便跟着爷爷在大户人家里帮工，当他看到大户人家的小孩在私塾里念书时，他就站在窗外听先生讲课，后被屋主人发现了，觉得这个小孩又聪明又好学，于是就给了他一个机会跟家里的小孩一起读书。聪明好学的区次颜，没有辜负这得之不易的读书机会，后来考取了举人。在外为官多年的他，深刻体会唯有读书才能改变命运，才能让家族兴盛，于是在他告老还乡之后，用一生积蓄在村中兴建了大夫家塾教授子弟读书。

自区次颜开始，松塘村文风日盛，人才辈出，凡是中第的区氏族人，虽在外为官，却都心系故里，纷纷捐资兴建学堂，如大夫家塾、养正书社、培元书舍等。最兴盛时，松塘村有各种学堂 20 多座，然而，林立的私塾书社，并不是松塘村普及教育的主要场所。因为村里除去专供直系子孙就读的私塾、家塾外，还有一个叫“明德社学”的学堂，是专供村里那些贫困上不起学又年满 12 岁的孩子就读的地方，如同社区普及教育学校一般，为松塘村培养了无数人才。明德社学门口的这副对联“明镜高悬若挟诈怀奸勿来此地，德星拱照值鼎新革故造福斯民”，表明松塘村人不仅注重教授子孙读书，更看重的是教育后代的为人。

读书明德成了松塘村人教育后代的头等大事，为此村中还修建了孔圣庙，供族人拜祭。孔圣庙位于松塘村的中心位置，地位堪比家族的祠堂，一般的村落民居大都以祠堂为中心，然而，在松塘村无论是祠堂、书社、民居，都以村中最大的水塘月池为中心。月池则位于孔圣庙旁边，好比孔圣庙的泮池，形成村中百巷朝塘、巷巷归源的规划格局，这也体现了对文化的一种尊重。

时至今日，每年十月，松塘村还会举行一场纪念孔子的盛大祭祀奖励活动，奖励村里考取大学的子弟，而后还准备一桌丰盛的翰林宴犒赏学子，据说这个传统是为了纪念荣归故里设宴款待族人的翰林公区谔良。区谔良不仅回乡设宴款待乡里，还给族人留下了一副对联“古来数百年世家无非积德，天下第一等事业还是读书”，就刻在村口处的翰林门上。

（二）围镇村——家和万事兴

位于广东省清远市佛冈县汤塘镇的围镇村，现有村民三千多人，从清代道光年间建村以来，村民们始终将“和”奉为为人处世的行为法则：情同手足，相敬如宾，邻里团结是非少，家庭和睦百世兴。踏入围镇村，到处可见一幅幅关于兄弟、夫妻、婆媳及邻里间和睦的对联，挂在各家各户的大门上，向世人传达村里的“和”文化。

围镇村始迁祖为广传公。相传其有兄弟三人，在宁化白手起家做生意。起初兄弟齐心协力，生意做得风生水起。孰料，兄弟间因收入分配等问题，逐渐产生隔阂，加上疏于沟通，矛盾越来越大，最后两个兄弟一气之下，远走他乡。缺少了兄弟的扶持，广传公的生意也越来越不景气，最后他变卖家产，携妻儿离开了那个伤心地，来到围镇村。

痛定思痛，广传公将“兄弟和睦，邻里和睦”列为家训族规。族谱中“慈孝团结”被认为是家训中最重要的一条。“与人和者，谓之人乐”“与天和者，谓之天乐”。对于兄弟和睦有切肤之痛的刘氏家族来说，“和”成了约束自己、规谏后人的精神准则。以和为贵，慈孝团结，方可享万事之乐。

每年正月十五，围镇村都有热闹的民俗活动“舞被狮”。与常见的舞狮不同，村民舞的不是狮，是被单，而被单下的表演者是每家每户的婆婆和媳妇。这项民俗活动的发明源于村里的十代先祖——刘行修。清代咸丰三年（1853年），他考取了贡生，在仕途上一帆风顺。然而刘行修的妻子和他的母亲因性格不合，常为生活琐事吵得不可开交。当时围镇村，虽然兄弟关系和睦，但婆媳关系多存在类似问题。念及于此，刘行修产生了一定要解决这一问题的想法。

有一天，他宣布了一场比赛。要求村里的婆媳拿出媳妇的新被单，模仿舞狮的动作舞被单，看哪家婆媳配合默契，舞得最好看，评委就是村里的男人。因为表演过程中，往往要两人相互配合、沟通，有助于解开婆媳间的心结，促进婆媳的关系和谐。舞被狮，让婆媳踏着同样的节拍，让原本不一致的脚步最终踏成和谐的舞步。刘氏先祖的独特发明，传承了上百年，至今影响着后人。如今，舞被狮由评比变成了民俗，婆婆舞狮头，媳妇舞狮尾，寓意婆媳和谐，母爱传承。

为保邻里和睦，围镇村还设立了村民理事会，帮助解决邻里纠纷。其实早在建村伊始，围镇村就有太公理事会，他们用家长、房长、太公理事会三级制度解决矛盾冲突，以此保证矛盾不出村。家里有矛盾，先由家长处理。解决不了，就放在大房，由房长（年纪比较大的父老）解决，大房解决不了，由太公理事会解决。太公理事会由年纪较大，能讲道理，办事公道，在群众中有威信的人组成。每次遇到纠纷，太公理事会将双方找到宗祠，先让他们陈述自己的理由，把怨气发泄出来，再让两边的家人，无论男女老幼，都来评判这件事，说说自己的看法。最后由有威望的太公们主持公道，做出令两边信服的评判。

如今，和睦的传统已经润物细无声般地融入围镇村人的血脉之中，质朴善良的围镇村人始终坚信，只有恪守“以和为贵”的家训族规，有着和衷共济的美好心愿，定可守得“家和万事兴”。

（三）文里村——行善至乐

广东省潮州市潮安区庵埠镇文里村，初建于南宋，是一个有着八百多年历史的古村落，村里多姓聚居。千百年来，文里村做到了行善相传、行善成风、行善有方，“行善至乐”成为文里村人一脉相承的精神。

在文里村不仅有同奉与太和两大善堂，还有十多家父母社。这些慈善机构在文里村已有几百年历史，使文里村人贫有所助，困有所帮，老有所养。善堂发放的救助金全部来源于文里村村民自发捐助，做到取之于民用之于民。父母社的社员们要做到把别人的父母当作自己的父母来照顾。文里村人谨记祖训以行善为德行标准，并把行善之风代代相传。

把行善作为一种抵达快乐的方式，是文里村人一脉相承的善堂文化。文里村的两大善堂是整个潮汕地区同奉、太和各善堂的总堂。这些善堂都供奉“慈善神”——宋大峰。相传1120年，潮州发生瘟疫，当时已81岁高龄的宋大峰从福建跋涉到此地救灾。懂得医术的他，不顾可能被传染的风险，救下了很多人的性命。灾情结束后，在当地人的极力挽留下，宋大峰留在潮州。之后，他除了行医赠药外，还为当地百姓修建长108米的和平桥。几百年来，潮州人自发创办善堂，用行善的方式弘扬宋大峰的慈善精神。如今仅同奉善堂每年发放的救助资金就达到300万元，这些钱由文里村村民捐赠，善堂本着取之于民、用之于民的宗旨，把资金用于有困难的人。

村里有大大小小三十几座宗祠，几乎每个宗祠所保留的族谱祖训中都有与善有关的记载。作为村中主姓之一的谢氏，自古就有行善积德的传统。南宋理宗时期，谢氏家族的开基祖谢壶山，任潮州总管，携家眷从福建迁到文里村定居。到潮州后，他剿平盗寇，守土抗元，广施仁泽，善待百姓，宋度宗登基时，为表彰他的功劳，赐他丹书铁券，后人称他为铁牌总管。谢氏族谱中，保留了大量谢氏先辈们的好善义举。谢氏族人相信，把行善济民的人和事记录下来，必能带动整个家族的行善之风。

八百多年来，文里村行善形成了自己特有的方式方法。在文里村的所有慈善机构中，最为古老的当属父母社，形成于南宋时期，是村民敬老助老的慈善团体，社员们要做到把别人的父母当作自己的父母来照看，如今文里村共有大大小小十多个父母社。一直以来，父母社实行会员制，一人入会，全家享受会员待遇。入会会员则不论身份，都要接受父母社统一安排的工作，实行轮班制，轮到谁，谁就要照顾生病的老人。62 岁的黄俊孝，是父母社的社员，除了要按照父母社的安排，去做义工外，他还要和兄弟一家照顾一位 77 岁的阿婆，二十年如一日，令人敬佩。

文里村把行善作为人生最大的作业，而善中善则为劝善。为此，奖学助学蔚然成风，文里村各姓氏宗族，都设立了奖学金，善堂也设立贫困学子助学金。在文里村，没有一户孩子因贫困而失学。杨中艺是广东中山大学的博士生导师，也是文里村杨氏后人。虽然没有在这里生活，但对这片故土满怀深情。其父杨越因少年时家境贫寒，小学三年级就辍学，全凭自学，成为广东省著名的文学家。少年时求学不得的经历，促使他召集杨氏在东南亚的华桥，创立奖学金，帮助家境不好的学子。现在基金会大小事务，一直由杨中艺负责掌管。为潮安区所有优秀学子和教师颁发奖金，是他一年中最重要的事。

滴水之恩，当涌泉相报，无数的文里村人正是因为怀着感恩之心，将善德世代传承。

对文里村人来说，“行善至乐”不仅是祖先留下的德行品质，也是他们的幸福源泉。

（四）四合村——诚信赢天下

重庆市江津区中山古镇四合村，是西南地区有名的传统商贸货物集散地。1 000多米的明清商业老街沿江而建，自古以来，这里就是商贸繁荣的水陆码头。今天的四合村依然保存着数十家各式各样的传统老字号，也把一个个诚信的故事流传下来。

作为繁华一时的商贸码头，四合村重诚信的传统从清代开始就远近闻名。就在四合村的村口，清代光绪年间的米帮曾立下了一块禁卖发水米碑。石碑上明确记载了当时一些不法商贩制售劣质大米的方法，以此提醒来往客商共同监督。任何人只要发现制假售假者，可以立刻报送官府，而不法商贩也会受到重罚，永远不得在此地经商。四合村三面靠山，一面临江，耕地非常稀少。在农耕时代，大米既是生存之本，同时也寄托了老百姓朴素的信仰。这里的老百姓靠天吃饭，要敬天敬地，敬自己的祖宗。就是用每年产出来的新米敬天敬地敬祖宗，如果这个是假的新米，就是对天不敬，对地不敬，对祖宗不敬。害怕天降灾难，害怕地不长出庄稼，六畜不兴旺，祖宗不保佑他。所以，老百姓最反对制作假米的方法。如今，这块五百多字的禁卖发水米碑，被看作是中国西南地区保存最完整的古代打假公告。石碑的刻立既彰显了四合村百姓开诚布公的态度，也蕴含了一种不怕自揭其短的勇气。

冯三姐做的石板糍粑，是四合村最有名的传统小吃。对于口碑和声誉的珍惜，冯三姐得益于父亲冯子华的教导。十多年前，糍粑店开张的时候，冯三姐把父亲曾经写过的一副对联重新刻制出来："热心人乐做热心事，烫手货不收烫手钱。"这16个字成为她一生的信条。冯三姐说："烫手货不收烫手钱，就是糍粑烤好了拿起来是很烫人的，只能说我卖两块钱一个不烫，随便哪个都消费得起，不会说我们中山古镇是个旅游的地方，我的那些糍粑就要贵一些。这个嘛，反正做事要诚信。"价格没涨，真材实料同样没有落下，冯三姐做的糍粑口感好，用料足，很受顾客欢迎。价廉物美，自然吸引着众多回头客，也让冯三姐石板糍粑这块招牌贵重起来。几年前，有人看重这里的口碑和声誉，希望出资百万，买下这个商标，进行工厂化的大规模生产。百万的巨款，意味着冯三姐和丈夫不用起早贪黑就可以安度晚年，但是，冯三姐再三考虑，还是婉言谢绝。她觉得糍粑还是靠自己亲手做，更为安心。冯三姐说："就是觉得我在这个古镇上嘛，是土生土长的，反正我做点糍粑来，够生活就算了嘛。就是担心，怕招牌拿过去，他就是光看钱嘛，不按那个质量和现在这么做，那样的话就做砸了嘛。呵呵……"今天，走在四合村的老街，人们还可以看到一种奇特的建筑方式。自清代以来，老街两侧的屋檐就用木材或高或低地连在一起，成为浑然一体的骑廊式建筑，连接处的中间部分镶有玻璃，达到采光的效果。当地人为它取了一个响亮的名字——风雨过街楼。对于四合村的百姓来说，顾客就是他们的衣食父母，南来北往的客户光临，那是当地商家的福分。风雨过街楼的修建，正是当初四合村的百姓为招揽客商而信守承诺的体现。"中山要想更多的商人到这里来经商，他们就给他一个承诺，你到我中山来赶场，在这里我给你盖一个凉亭，让你不晒太阳不淋雨，老百姓自己出钱搭风雨过街楼，这是中山古镇诚信经商、诚信待客的代表。"

第三节　打造高品位文化生活

美国哈佛大学教授约瑟夫·奈认为"软实力"包含了诸多要素，文化是其中的核心要素。在新农村精神文明建设的过程中，文化作为软实力的地位日益突出，它的效能虽然不能量化，但它的存在及它所发挥的作用是无法取代的。一个人的精神风貌、道德情操、创造能力，一个地方的文明程度、发展潜力，都取决于文化及其作用。正因为文化的效能如此重要，因此，加强农村文化建设，丰富农民的精神文化生活，就成为美丽乡村建设中不可绕开的一环。

一、完善农村公共文化服务体系

虽然近年来党和政府采取了一系列政策和措施，推动农村公共文化服务体系建设，但由于长期以来城乡经济发展的不平衡，农村公共文化建设远远落后于城市，存在的主要问题有：一是农村文化设施陈旧，总量偏少；二是农村公共文化服务体系经费依然缺乏，投入不足；三是农村基层文化队伍基础薄弱，素质偏低。结合实情，建设农村公共文化服务体系应从以下几个方面开展。

（一）加快文化基础设施建设

文化基础设施在农村文化建设中的作用不言而喻，韩国新村运动、印度克拉拉邦，都非常重视农村公共文化设施的载体作用。要保证农村公共服务体系发挥足够的作用，必须加强基础文化设施建设的力度。县级图书馆、文化馆，乡镇文化站及村文化室是农村基层重要的文化设施网络和活动阵地。根据《国家"十二五"时期文化发展规划纲要》，加大农村文化服务网络建设，坚持以政府为主导，以多镇为依托，以村为重点，以农户为对象，实现县有文化馆、图书馆，乡镇有综合文化站，行政村有文化活动室，形成较为完备的县、乡、村三级农村和公共文化服务网络。健全规章制度，完善文化职能，提升服务水平，将其公共空间设施场地和其职能相适应的基本公共文化服务项目免费向群众提供。还要通过政府投入、城乡共建、村企共建、村校共建等多种方式，引进资金建设文化场所，满足农村居民的文体活动需求。以北京朝阳农村地区为例，近年来大力建设公共文化活动阵地，建有文化广场二百余处，居家健身工程530多套，文体活动中心（室）160个，图书馆58个（百米万册达标图书馆20个、面积2 200平方米），电影放映院（室）100个，东坝乡飞叉刘文化大院、黑庄户快板刘文化大院等一批著名的文化大院11家，各类文体设施上千套，基本建成“15分钟文化服务圈”，百姓近距离享受公共文化服务的愿望早已变成现实。

（二）保证文化建设的持续性

各级政府要加大财政投入力度，按照一定比例，扩大公共财政中的文化覆盖面，并不断提高用于乡镇特别是村级的公共文化设施建设比例，有效降低村民参加村文化活动的成本，提高各类农村公共文化物品的使用效益；设立专项资金，确保农村重点公共文化服务建设的资金需求。各级政府在组织力量对本地农村文化建设现状进行全面摸底的基础下，制定加快农村文化建设的规划，每年安排一定数量的资金与各级地方财政配套使用，主要用于乡镇文化站硬件设施的建设和改扩建。另外，加强民间资本对公共文化事业的投资。可以采取政策导向、社会荣誉等多种手段，积极鼓励民间资本对公共文化事业的投入，开辟有偿文化网络服务，大力倡导全民办文化、赞助文化、参与文化活动。

（三）培育高素质文化人才

建设一支高素质的农村文化人才队伍，要加快建立健全农村文化队伍管理机制，积极稳妥地推进公益性文化事业单位和经营性文化事业单位转企改制，稳定和发展专、兼职结合的农村文化队伍。加强对多村文化工作人员的教育和培训。政府不但要定期举办培训班，让文化服务人员学习，还可以选送农村文化骨干赴省内外有关高等院校、艺术团体进行业务培训，不断更新知识，提高素质。鼓励农民自办文化大院、文化中心户、文化室、图书室，支持他们创作更多具浓郁乡土文化气息和较高艺术质量的文化作品，提高农村公共文化服务自我发展能力。建立一支懂文化、善经营的文化企业家队伍，引导企业家、文艺工作者、经纪人大力发展文化旅游、音像出版、体育竞赛和文艺演出活动，还要提高基层文化工作者的待遇，帮助他们解决工资待遇、职称评定等实际困难，用待遇留人，用事业留人。

二、加大惠民文化工程建设

党的十七届六中全会审议通过《中共中央关于深化文化体制改革、推动社会主义文化大发展大繁荣若干重大问题的决定》明确指出："加快城乡文化一体化发展。增加农村文化服务总量，缩小城乡文化发展差距，对推进社会主义新农村建设、形成城乡经济社会发展一体化新格局具有重大意义。"大力推行文化惠民工程，正是贯彻落实中央政策的具体措施。

（一）扩大农村广播电视覆盖面

广播电视"村村通"是农村文化惠民的"一号工程"，它的目标是"建立以县为中心、乡镇为依托、服务农户的农村广播电视公共服务覆盖网络"。要按照"巩固成果，扩大范围，提高质量，改善服务"的要求，统筹安排，整合资源，建设好地面数字电视接收设施。

（二）完善提升农家书屋

农家书屋工程是农村文化惠民的基础工程。农家书屋工程是为解决农民群众"买书难、借书难、看书难"的问题，满足农民文化需求，在行政村建立的、农民自己管理的、能提供农民实用的书报刊和音响电子产品阅读视、试听条件的公益性文化服务设施，是政府统一规划、组织实施的新农村文化建设的一项基础工程。要建立出版物农家书屋更新机制，通过多种渠道、多种方式，争取每年为已建成书屋更新一定数量的出版物，逐步提高农家书屋音像制品和电子出版物配置比例，方便农民群众阅读。

（三）推进全国文化信息资源共享工程

全国文化信息资源共享工程，也就是对文化信息资源进行数字化加工和整合，并通过卫星、互联网和光盘等传输渠道为社会公众服务的一项重要工程。通过工程的基层服务站点，广大农民群众可以享受到丰富、快捷的数字化服务。目前，这一工程的数字资源总量已达到69TB，尚需加大基层服务站点的建设。

三、大力推进文化育民

（一）要把“送文化”与“种文化”相结合

一方面，继续大力推行文化下乡活动，并使之常态化、制度化，促进文化资源下移、文化服务下移，使农村广大群众享受到文化下乡活动的实在之惠。各级政府要积极推动文化、科技、卫生“三下乡”活动，文化对口支援和服务农村活动，组织和鼓励各类艺术表演团体、电影公司、图书馆、各类专业技术部门或协会到农村送戏、送电影、送书、送知识；支持大学生暑期“三下乡”活动，让高校大学生把反映时代气息、当代大学生风貌的文艺演出和先进的科技知识和科学的教育理念等带进农村。

另一方面，要开展“种文化”活动，鼓励农民自办文化，让农民成为文化活动的主体。因为“送来的文化”对繁荣农村文化起重要带动作用，但它毕竟是外来的、“喂食式”的帮助，从长远来看难以独当一面；而且，农民是新农村的主体，在文化建设中也应担当主角。因此，基层政府应重视“种文化”的工作。

“种文化”首先要懂得挖掘本地特色文化。由于历史传承和区域发展的差异，各地农村在文化上各有特色，以广东地区为例，如佛山和蕉岭的舞狮、丰顺的舞龙、连州的瑶族布袋木狮舞、潮州的刺绣与大锣鼓、梅州的客家山歌，还有粤曲、潮剧、雷剧、白字戏、采茶戏等。这些特色文化，不仅是农村民间文化的历史积淀，而且因为符合农民的审美习惯和认知方式，在农民群众中有较强的吸引力和亲切感。因此，政府不仅要加强资金投入，充分挖掘、整理和保护这些农村民间特色文化资源，重视培养农村特色文化的传人，使这些特色文化得以流传；而且要有意识地保留和开展一些带有地方标志性的文化民俗活动，如庙会、赛歌会、文艺游街等，借助传统文化民俗活动的载体，带动农村民间特色文化的复兴和传承。

其次，"种文化"还应积极发动群众开展别开生面、生动活泼的文体活动，如举办群众文化节、体育竞赛等，尤其要鼓励农民自编自演，激发农民自身的创造活力和参与积极性，重在调动农民的参与性，因为"村民自己参与的节目可能达不到二流剧团的水平，却可以获得超过观看一流剧团节目的娱乐价值"，要让这些文体活动常态化，激发农民群众中潜在的文化活力。

（二）为农民提供再教育的平台与机会

各级政府应建立健全农村义务教育的投入机制与长效机制，优先安排农村义务教育投入，加大对农村义务教育的物力、财力支持，改善农村中小学的办学条件与设施，推进农村中小学现代远程教育工程等；应加强农村教师队伍建设，把提高教师待遇、改善教师生活作为加强师资队伍建设的首要任务。同时，由于城乡师资力量差距大是制约当前农村教育发展的瓶颈，因而也应注重提高农村师资力量。

可以通过加强农村义务教育的督导，或者通过城市优质学校与农村薄弱学校结对子——城市学校优秀教师到农村支教、上示范课、开讲座，农村教师到城市学校跟班学习等方式来提高农村师资力量和义务教育质量。

同时，要为农民提供再教育的平台与机会。再教育包含两个方面的内容：一是提升科技文化综合素质。各级政府应以适应农民需求为着眼点，以服务农民为宗旨，逐步建立起由政府统筹、农业部门牵头、相关部门配合、社会广泛参与的新型农民科技培训运行机制。如在农村开办“乡村大课堂”建设，把高质量的人文素质讲座、科技知识培训和经商之道讲座有机结合起来，逐步改变先进文化在农村传播薄弱的局面。通过长期教育、培训，甚至实施终身教育计划来提高农民的科技文化水平，使其成为有文化、懂技术、会经营的社会主义新农村新型农民。二是思想观念方面的宣传教育。通过讲座学习、传媒宣传等途径，通过“先进思想进农家”“政策法规进农家”“讲文明、讲卫生、讲科学、树新风、改陋习”等活动，不断提高农民的思想觉悟和认识水平，带动农民群众自觉移风易俗，促使广大农民群众认可和接受绿色、健康、科学、文明的生活方式。

四、保护乡土文化，打造文化品牌

乡土文化在中华几千年历史长河中一直是占主流地位的，乡土文化不仅承载着中华文化发展、传播、继承与优化的历史重任，多土文化还起着典型的维系农村、宗族、社区社会经济文化道德发展约束与秩序稳定的作用。但随着城市化快速推进，乡村开始显得孤零于整个世界的发展，走向封闭与落后，失去了以往的吸纳、变迁与创新的优良传统，成为一种浸湮在国人内心深处的“遗失的美好”。当前，随着社会主义新农村建设的快速推进与传统文化复兴运动的兴起，挖掘传统的乡土文化，对于推动新农村文化建设将具有里程碑意义，有利于构建社会主义和谐新农村。

（一）乡土文化的价值探究

1. 乡土文化具有重要的文化价值

乡土文化是农村知识系统、制度传统、生活方式的集合体。通过乡土文化的有效保护与挖掘传统，注入现代元素，使之转化为农民喜闻乐见的文化，不仅可以让农民在文化活动中愉悦精神，交流信息，增长才干，培养与人沟通、与人交往、与人合作的能力，成为化解农村各种纠纷的润滑剂，还可以塑造农民良好的文化心理。同时乡土文化可以培育农民健康向上的价值观，造就健康的生产生活方式，而不仅仅是靠赌博等聚“人气”和看电视、听广播的单调娱乐方式，并保证主流文化占领农村文化的制高点，成为乡村的主流文化意识，杜绝乡村的“黄赌毒”现象发生和封建迷信思想的泛滥。最重要的是可以挽救大量濒临消失的乡土文化遗产，保证乡土文化传承的完整性，还原其文化价值，再现乡村的历史沿革与发展脉络。

2. 乡土文化具有重要的经济价值

文化力作为经济竞争的“软实力”，成为农村经济发展的内动力，全面培育乡土文化这个“造血”平台作为新农村文化建设的基础，对推进农村的经济现代化将发挥独特的经济功能。从现代经济的发展取向看，乡土文化最符合当今经济发展潮流的，从它的形式、内容到过程、结果都是原生态的，不仅乡土文化的生产、分配、传播、消费体现着节约、环保、生态理念，而且乡土文化本身是集约型、低碳化的，它集农村上千年发展精粹而成，体现了高度的思想性、科学性与凝练性的统一。因此，如果把乡土文化当成一种特色资源，将乡土文化产品、乡土文化景观、乡土经济活动和乡土生活体验进行产业化开发，将有效增加文化产品的附加值，变为农民实实在在的经济效益，不仅可以激发农民的积极性、主动性，还可以有效地保护乡村传统文化。

3. 乡土文化具有重要的美学价值

我国地域辽阔，天南地北乡村众多，由于气候、土壤环境的差异性及不同民族生活习性的不同，从劳作到休闲，从民居到服饰到饮食，从语言到文字，从民俗到宗教都给人们提供了一幅活生生的生活全景图，深入其间，其美学思想源远流长，美学价值贯穿其中。尤其是乡土景观更是具有独特的艺术审美价值，不仅样式众多、造型各异，而且内涵极高的工艺美术造诣与深刻的建筑内涵，给人以无穷的艺术享受。

（二）独具特色的乡土文化品牌

1. 惠州龙门农民画

龙门农民画创始于 1972 年，当时龙门县民间美术工作者积极响应党中央毛主席的号召，大力扶持、辅导工农兵业余创作，迅速掀起“工人画”“农民画”“战士画”之风。

龙门农民画吸收和继承了传统的民间艺术形式，创新地以单线平涂手法，结合水墨画、水彩画、油画的表现形式并借鉴传统民间刺绣、木雕、剪纸等艺术手法进行创作，同时也开创了以追寻“南蛮文化”痕迹，以“南蛮文化”作为独特文化视角、展现南国地域传统民俗文化为意念而大胆运用夸张变形的艺术手法，它突破了焦点透视、比例、结构等基本绘画方法的束缚，以浓墨重彩渲染人们丰富多彩的劳动和生活，展现了人们对自然、风俗、生活、劳动、爱情、社会的思考。这种别具一格的独特表现手法和具有抽象风格和民间审美情趣的绘画技法，成为现代民间绘画门类中的一个独有画种，在审美视角上彰显着自身的特色，具有较高的美学价值。中国美术家协会主席刘大为同志也称赞龙门农民画风格鲜明，有很高的艺术品位，并题词“乡土艺术，岭南风情”。

近年来，龙门县极力推进农民画的普及化、市场化、产业化。一方面在全县中小学开设龙门农民画教学课程，积极培训农民画人才；另一方面又以村企业合作的形式，积极拓展海内外市场。如今，龙门共有 3 000多名农民画者，其中近百名知名农民画家，创作出《风谷》《淋菜》《酿酒》《舞火狗》等具有浓郁民间生产、生活特色的作品；嘉义庄村民更是家家都有画者，成为远近闻名的农民画示范村和旅游胜地。

2. 东莞麻涌龙舟竞渡

东莞麻涌镇是著名的龙舟之乡。在水乡片区，河流密布、纵横交错，龙舟竞渡历史悠久，村村有龙舟，拥有极其广泛的群众基础。5月从初一起，天天有“景”，天天有龙舟竞渡，甚至一天有好几村有活动，年年“招景”“扒标”。麻涌历史以来并延续至今有四个“景”：漳澎景，五月初九；南洲景，五月十四；麻涌景，五月十六（麻涌镇最盛大的龙舟景）；鸥涌景，五月十八。

麻涌镇不断深挖龙舟文化底蕴，以各项龙舟活动为载体，打造龙舟文化品牌，向世界展示麻涌龙舟文化的神奇魅力，弘扬龙舟文化奋发争先、团结向上的精神，助推了美丽新麻涌的崛起。

麻涌镇不断深挖龙舟文化底蕴，以龙舟赛为载体，打造龙舟文化品牌。近年来，越来越多民间老造船人渐渐从岗位上隐退下来，转而以制作小龙舟工艺品为娱乐，帮补家计。这些由老师傅制作出来的小龙舟工艺精湛，深受群众欢迎，大有供不应求之势。还有，为龙舟大赛建设并投入使用的华阳湖生态湿地公园与百花竞放的水上绿道相连接，开辟了一条水上旅游观光线路。还开展了龙舟文化长廊展示、龙舟摄影大赛、龙舟征文大赛等系列活动，充分展示了麻涌镇龙舟文化活动传统，弘扬龙舟奋发争先、团结向上的精神，推动经济发展和文化发展相得益彰。

3. 大澳渔家文化

大澳渔村位于阳东县东平镇东南方，原为一古港，是广东历史上十大港口之一，中国古代南海“海上丝绸之路”必经的重要港口。明代大航海家郑和率领船队七下西洋曾经在此设补给站，与广州“十三行”相列，民间称“十三行尾”。宋代古沉船“南海一号”，也是在大澳东南方约20海里（1海里=1.852千米）远的海域里打捞出水的。大澳渔村具有深厚的渔家文化，像大澳渔村这样保存完整的古渔港，在全国也极为罕见。

大澳渔村景点有“明清一条街”“蛋家棚居”“古商会旧址”“古炮楼”“海角琼楼”“海岸月湖”“大澳万人坟”“渔家民俗风情馆”“爱国主义教育基地”等。“大澳渔家民俗风情馆”是全国首个渔家文化专题馆，也是阳江著名博物馆之一。馆内收藏了5 000多件历代渔民生产、生活、婚嫁用品，其中很多藏品成为记录和反映渔家风情文化的珍品。

4. 高碑店高跷老会

北京市朝阳区高碑店高跷老会，成立于清代光绪十二年（1886年），至今已有130年历史。高跷老会以功夫好而著称，上跷跟走平地一样，角色扮相齐全，生、旦、净、末、丑行行都有，动作干净利落，表演方式自成一家。其表演内容既有舞姿轻盈优雅的“文扇”，也有扮相俊俏动作刚强飘逸的“武扇”，更有粗犷彪悍、朴实奔放的“大头行”，还有诙谐逗乐的武丑“膏药”。戏有《西厢记》《打渔杀家》等，易观易懂。

高碑店高跷老会现有队员40余名，其中年龄最大的演员已经61岁，在表演节目上，除继续保留传统节目外，还有所创新，增加了女队员。

高碑店将高跷、腰鼓、秧歌等传统民俗文化整合，打造民俗旅游文化村，接待国际、国内游客，充分展现朝阳农民的精神风貌。

第四节　注重乡贤文化传承

一、乡贤文化的概况

（一）乡贤文化，源远流长

乡贤文化的传承思想源远流长。在《孟子》《周礼》中，均载有具体的乡村组织与管理构想，并在社会实践中得到实施。秦汉以后即推行以“乡三老”为乡村最高领袖的乡治制度。另外，不同历史时期还有“乡先生”“乡达”“乡绅”等称呼。总的来看，“乡贤”一词系指在民间本土本乡有德行、有才能、有声望而深为当地民众所尊重的人。

北京大学教授张颐武认为，乡贤文化是中国农耕文化的产物，乡贤文化实际上属于士阶层文化在中国乡土的一种表现形式。传统中国社会中，士阶层是社会的实际管理者，也是社会文化精神的倡导者。他们出门为官，回乡之后就是士绅，起着维护本地社会秩序的作用。无论是中央政令在地方上的有效实施，还是民间社会愿望的上达，作为政府和基层民众之间的中介，乡贤都起到了积极作用。中南大学中国村落文化研究中心主任胡彬彬认为，在中国古代社会，乡贤的存在使得上通下达的“双轨制”得以有效运行。

在我国传统社会中，乡贤还在维系地方社会的文化、风俗、教化方面发挥了积极作用。礼法合治是我国古代优秀治理经验，古代乡贤们为县以下广大乡村的治理贡献了智慧。北宋时期，蓝田的吕大忠、吕大韵兄弟等地方乡贤自发制定、实施的《吕氏乡约》，是我国历史上最早的“村规民约”。规定乡党邻里之间的基本准则，对乡民修身、立业、齐家、交友等行为，做出了规范性的要求，引导着当时人们的伦理生活。

（二）乡贤文化的窘境与挑战

如康有为在19世纪末所说，中国传统文化遭遇了“2 000年来未有之变局”。时至今日，中国社会仍在巨变的进程之中，包括城镇化的快速发展，农民传统的价值观和思维方式发生变化，传统文化习俗与现代文明发生冲突。这种“变局”就包括曾经深受乡贤文化滋养的中国乡村社会所遭遇的冲击。在城镇化的浪潮中，农村优秀人才大量向城市流动，不少乡贤或定居城市或外出经商务工，正所谓“秀才都挤进城里”，人们不禁叩问“乡贤何在”？

我们要看到，虽然乡土中国已经发生了巨大的变化，但是传统社会的架构没有完全坍塌，乡村社会中错综的人际交往方式，以血缘维系的家族和邻里关系依然广泛存在于乡村之中。在这种情况下，乡贤仍很重要。作为本地有声望、有能力的长者，乡贤在协调冲突、以身作则上提供正面价值观方面的作用就不可或缺。

中国需要乡贤文化的复兴，但这不是传统士绅文化的回归。传统社会中的乡村，因为生活在一个熟人社会中，并不太重视法律和契约的作用，而是更加看重有威望的乡贤对于社会公正的维护。当然，我们不能回到过去那种状况，我们需要与时俱进，需要村舍民间领袖和社会体系的有机融合，精英和地方治理的有效结合。我们要避免本地生长起来的乡贤离乡之后就断了联系，这需要政府给予支持。乡贤是乡村社会的黏合剂，他们的知识和人格修养成为乡民维系情感联络的纽带，让村民有村舍的荣誉感和社区的荣誉感，这样的乡贤文化是有上进心和凝聚力的。

二、弘扬乡贤，垂范乡里

（一）乡贤的重新界定

乡贤，即乡里的社会贤达。在古代，主要指品德、才学为乡人所推崇敬重的人，既有食朝廷俸禄的好官，也有德高望重的贤者，还有贡献卓著的能人。他们作为乡贤，受到后人的敬仰和崇拜，表明了国家和社会对其人生价值的肯定。

从现代观念与现实需求出发，乡贤的范围已不再局限于道德与才能的层面，而扩展到“名人”尤其是“文化名人”。文化名人有狭义与广义之分。狭义的文化名人是指在文章、文教、文化等方面取得巨大成就，对历史有深远影响或在某一时代名闻遐迩的人；广义的文化名人，包括在政治、经济、军事、文化、科学、教育、文艺、卫生、体育等各个领域取得突出业绩，在本土本地有较高声望的社会各界人士。

但是，不是所有的地方都有状元、进士及各类名人、英模等杰出代表，乡贤概念需与时俱进，名流诚可贵，“草根民星”“乡土人才”也难得，只要能够有益于百姓、为百姓称道的都可以视作乡贤。现实农村中，群众公认的优秀基层干部、道德模范、身边好人等先进典型，都堪称乡贤。许多农村干部，也许文化并不高，风里来、雨里去，肩膀挑着集体事业，心头装着百姓冷暖，业绩或大或小，付出了努力，无愧于良心，他们是百姓心中的乡贤；许多乡村医生，依然怀有“赤脚医生向阳花，一颗红心暖千家”的秉性，身背药箱，走乡入户，甚至半夜行医，他们是百姓心中的乡贤；还有许多先富者，致富不忘乡亲，带动更多人脱困奔富，他们是百姓心中的乡贤；还有更多的公益人士、志愿者，一方有难，他们伸出温暖的双手，带来乡间的情意，他们同样是百姓心中的乡贤。北京大学张颐武教授还指出，现代社会中存在两种乡贤，一种是“在场”的乡贤，一种是“不在场”的乡贤。有的乡贤扎根本土，耕耘奉献，把现代的价值观传递给村民。还有一种乡贤，出去奋斗，有了成就再回馈乡里。他们可能人不在当地，但由于通信和交通的便利，他们可以通过各种方式关心家乡的发展，他们的思维观念、知识和财富都能够影响家乡。

总而言之，无论职业，无论居住地，只要生于斯，长于斯，奉献于斯，在百姓的“天秤”上占到一定位置，皆可尊称为“新乡贤”。

（二）优秀乡贤文化的弘扬

社会学家费孝通认为，中国社会是一个“乡土社会”。在悠久的农业文明中，包含着传统乡村治理的智慧与经验，乡贤文化则根植于其中，在古代国家治理结构中发挥着重要作用。一方面历史上的乡贤热心公共事务，维系地方社会的文化、风俗与教化，造福一方百姓；另一方面乡贤在维持乡土社会有效运转方面也发挥着重要作用。

当前，我国正处于社会转型期，一方面，城镇化飞速发展，另一方面，以“中国传统文化”作为内核的“中国村落文化”遗存现状令人担忧。摆在我们面前严峻的事实：古老的传统村落遗物正在以惊人的速度消失；传统村落所具有的中华民族特色文化形态正在发生急剧裂变，其内在结构也在外来文化的强大攻势下，正在支离瓦解，甚至可以说延续了数千年的村落文化已到了“生死存亡之秋”。当下的乡村治理和乡村社会重建应该从优秀传统文化中寻求资源。

在不少学者看来，当前社会主义新农村建设、社会主义核心价值观的发掘与实践表明，优秀的传统乡贤文化是可资利用的重要文化资源。独特的乡贤地域文化通过本地区历代乡贤名流的德行贡献，凝聚成民众的共同精神。乡贤精神对于提升本地区民众的文化自信心、自尊心，敦厚民心、民风，激励社会向上，具有特殊的现实意义和价值作用。

乡村自治的深厚乡贤文化基础或许是值得充分发掘与利用的宝藏。曲阜师范大学新农村建设研究中心副主任张晓琼认为，乡贤文化中所蕴含的高度智慧与人文价值，潜藏着与现代农村基层民主制度相契合的因素，如果能够把传统乡贤文化智慧与现代社会发展要求相结合，加以发展创新，对于恢复乡村生机、激发乡村发展潜力将会发挥不可估量的作用。

中共中央政治局委员、中央宣传部部长刘奇葆强调，要继承和弘扬有益于当代的乡贤文化，发挥“新乡贤”的示范引领作用，用他们的嘉言懿行垂范乡里，涵育文明乡风，让社会主义核心价值观在乡村深深扎根。同时，以乡情、乡愁为纽带，吸引和凝聚各方面的成功人士，用其学识专长、创业经验反哺桑梓，建设美丽乡村。

三、乡贤反哺，引领发展

过去，弘扬与传承乡贤文化，有老传统可循。乡贤者祠堂供奉，家谱有事迹可载。有的镌刻在石碑上，甚至地方志有列传，有的流传在民间故事中，也有的融入家风家训“传家宝”中。今天，时代在进步，有些老传统还在借鉴、传承，有的地方以编写家谱形式挖掘乡贤氛围很浓。各地编写方志，将地方旧的、新的乡贤，一并列入供后代学习，也是好传统、好做法。但是，随着时代的进步，有些传统成了“明日黄花”，与时俱进，挖掘和利用乡贤文化势在必行。

（一）重构乡贤文化

当前中国城镇化发展迅速，农民外出务工，许多乡村人才流失，人去地荒，农村正呈现出空壳化的趋势。乡贤回归，重构传统乡村文化，这是中国现代化进程中实行乡村治理的有效方式。一是涵育文明乡风中，积极开发乡贤资源。除了传统的名人、社会精英外，今日乡里好干部、好村医、好教师，身边好人甚至“贤妻好媳”，也有闪光点、新故事，更是宝贵的“原生态”精神财富，值得挖掘、擦亮。积极开展“好村官”“好村医”“好媳妇”“好公婆”等评选活动，结合文明新风户评比、家风家训教育等，有机融入乡贤嘉言懿行，形成浓烈贤文化氛围，有益传播文明乡风，构建“原生态”精神文化家园。二是设立社会荣誉、鼓励机制引导乡贤反哺，奉献乡土，凝聚浓浓乡情。中国农村还拥有优秀的传统文化资源和人文资源，“衣锦还乡”“德泽乡里”的思想扎根在每一个中国人的骨头里。各地乡贤数量庞大，或从政，或从教，或从商等，拥有大量的人力和物力资源。他们既关心家乡的发展，又愿意为家乡做一些公益事业，他们拥有技术、资本、信息、市场和人脉资源，只要当地有健全的组织协调和沟通服务机制，能够以项目回迁、资金回流、信息回馈、智力回乡、技术回援、扶贫济困、助教助学等形式反哺家乡。

（二）建立乡贤理事会

薄弱且无比广阔的中国农村已成为政府面临的最大实际问题，无论从资金、技术、农业服务还是从社区安全上，政府都无法充分满足农民和农村的需求。由于不少乡镇政府依然沿袭着“官本位”的行政理念，农民难以参与到新农村建设中来，更难以发挥出主体性作用，乡村社会的内生力量得不到充分发挥，甚至是被抑制。农村发展亟须创新农村社会管理，打破体制机制束缚。广东省云浮市创新农村社会管理模式，培育和发展自然村乡贤理事会，充分利用亲缘、人缘、地缘优势，发挥其经验、学识、财富及文化修养优势，凝聚社会资源，协助镇（街）、村（居）委、自然村（村民小组）开展农村公共服务和公益事业建设，弥补基层政府和自治组织提供公共产品和公共服务的不足，形成有益补充，理顺了乡贤服务乡土的机制。

1. 决策共谋，民事民议

理事会以座谈会、进村入户等形式，围绕本村的公益建设项目和民生实事充分研究讨论，凡是牵涉村民切身利益的项目立项、规划设计、路线走向及遇到的困难问题等，都坚持广泛听取村民意见，发动群众献计献策，集中群众意愿，使项目建设充分体现村民的意志。引导群众从“观望”逐步转向“关注”，继而转向“主动参与”。

2. 发展共建，民事民办

理事会出钱、出力发动群众申报奖补项目，带动群众由“要我建”转变为“我要建”，形成“政府自上而下层级发动、群众自下而上多方参与”的共建局面。

3. 建设共管，民事民管

理事会在村道、水利、环境、文体等奖补项目建设全过程中，引导村民组建义务监督队伍，对在建项目工程进度和质量，对建成项目的维护保养开展轮值制等形式的监督。通过开展清洁家园等活动，培养村民良好的生活习俗和文明的行为，提高群众文明素质。通过征询群众意见建议，订立村道维护、卫生管理、美化绿化等村规民约、管理公约，以制度管人、管事、规范自治，实现共同管理，有效维护村容村貌和农村秩序。

4. 成果共享，培育精神

在理事会的协同下，广大农村群众在参与共谋共建共管中共享了发展成果，培育了“自律自强、互信互助、共建共享”的农村协同共治精神，持续促进美丽幸福家园建设。

（三）乡贤反哺的感人故事

1. 文天祥后裔村里的乡贤助学故事

广东省惠州市白龙塘村村民大部分姓文，被认为是南宋民族英雄文天祥的后裔。

据惠州市天祥助学促进会会长文春明介绍，白龙塘村的村民为文天祥之弟文碧的后代。文碧曾在惠州担任知州，后在惠州留下后代，白龙塘村的村民就是其中一部分。在家族的熏陶下，文氏后人从小对祖先的忠义故事铭记于心，并由衷地自豪。“天地有正气，杂然赋流形。下则为河岳，上则为日星。”文氏后人常把文天祥的《正气歌》挂在嘴边，遇到新认识的同族人，你一句我一句背下来，心理距离一下子就近了。同是文氏人，同唱《正气歌》。一位生活在海外的文氏宗亲表示，要怀着一片虔诚之心，感恩天祥公浩然正气给予他们的激励，继续秉承先祖天祥公的爱国主义精神，弘扬正气。

受历史传统影响，白龙塘村一直都很重视教育，他们缅怀先祖，传承后人，直至今天还发扬尊师重教和忠孝的优良传统。白龙塘村村民大多以务农为主，大多数经济条件相对困难，以前有不少学生考上大学后为学费发愁，甚至有人因此而放弃了上大学的机会。每年，从村里走出去的成功人士纷纷驱车回乡，慷慨解囊，为准大学生发放奖学金和助学金。在村里助学基金和乡贤们的帮助下，许多学子顺利读完了大学，还有的考上了研究生。

白龙塘奖学基金会的设立不但解决了不少贫困学生的学费问题，也在一定程度上激发了学生的读书积极性。

2. 水乡最美村庄的诞生

三板村富了、美了、出名了！幸福村居、湿地公园、百鸟天堂，年内还要推出三板村航空旅游节、疍家文化节。广东省珠海市金湾区三板村的变化源自一名叫梁华坤的乡贤。

5 年前，三板村还是有名的贫困村、空壳村。

“城市广厦千万间，不少你盖几栋楼。家乡锅灶百十口，急需你添一把柴。兄弟，与其年老体衰落叶归根，不如趁干事创业的黄金期造福家乡。”儿时伙伴的一番话，让新当选珠海市人大代表的梁华坤不顾一切，决定回到生于斯、长于斯的贫瘠土地，发展生态农业，建设新农村。

万事开头难，创业伊始缺乏咸淡水养殖经验，村民不信任，他创办的三板村水产养殖专业合作社前 2 年，几乎是“光杆司令”。直到第 3 年，净投入 300 多万元打造的湿地生态系统初步形成，久违的芦苇摇曳、千鸟翔集的美景出现在三板村，梁华坤的脸上才有了笑容。从这时开始，梁华坤走出了造福桑梓的第二步：投资 1 000多万元，改造和承包 2 200亩撂荒地，实现特色海鲜品牌“小林草鲩”生态养殖，探索“企业+农户”“资本+技术+土地+管理+市场”的生态农业发展模式，引导村里的养殖散户以承包地（鱼塘）租赁或量化入股的方式，与他的合作社共济、共融、共享，或使用合作社统一提供的种苗、饲料、技术和养殖标准，由合作社以保底协议价收购农户养殖的水产品，并对加盟农户实行二次分红和年底股份分红，在保证村民收益的同时，实现全村水产养殖的规模化和品牌化。

如今的三板村，是一座投资3 000万元改造升级的“水乡最美村庄”，家家户户住上了新别墅，不仅400户原村民纷纷回归，还吸引了320多户外地村民加盟“小林草鲩”品牌鱼种的生态养殖。

“造福桑梓，赶早不赶晚，再难我也要挺过去。”梁华坤道出了自己的心声。

3. 副县级编外村干部

前几年，一位副县级党员领导干部——肖而乾带着老伴回老家——芦溪县上埠镇涣山定居。从县城搬回村后，肖而乾向村“两委”“伸手要官”，担任起村老协主席、关工组副组长。

涣山村有一座百年肖氏祠堂，原先破败不堪，堆满了乱七八糟的东西。“这个祠堂就这么荒着，真是可惜，是不是拿来做点事？”曾任过芦溪县委宣传部副部长的肖而乾以一位文化人的眼光判断，应该可以把它改造成一座乡村文化大院。在肖而乾的倡议下，村里先是成立了祠堂管理委员会，后经集体决策和他本人带头，多方筹措资金将这个老祠堂加以修缮，创办起村级文化大院，并添置各类文体器材，开设了图书室、阅览室、球类室、棋类室、排练房、录像放映室等，挂起了涣山村“青少年社会教育学校”“农民文化技术学校”“老年活动中心”“义务调解站”“留守儿童之家”“农家书屋”等9块牌子。如今，这个文化大院成了全村人的乐园。

文化大院的建设，让村里300多个比较清闲的老年人大受其益，肖而乾也想办法使村里的年轻人喜欢上这个老祠堂。他发现，村里的年轻人想干事，却不知怎么干，缺乏致富本领。于是，在肖而乾的邀请下，县科技局、农业局的科技人员和专家经常来到大院里的“农民文化技术学校”授课。他们不但把种养技术等讲给农民听，做给农民看，而且还带来科技致富书籍资料和科技种养光盘，每上一堂课，这些资料和光盘都被年轻人一抢而光。不仅如此，肖而乾还主动扶持青年农民创业兴业。村民欧阳宽雪从北京科技大学毕业后，回到涣山村创办养猪场。在创业之初，肖而乾带着他到县里四处跑，帮他解决了资金上的困难。如今，欧阳宽雪的养猪场已经走上正轨，带动周边十余户青年农民发展养猪业，成为大学生回乡创业的先进典型。

涣山村地理位置较偏，以前村民去一趟镇上，少说也得走上半小时。肖而乾感到，要发展经济，修路是当务之急。他找到村干部商议此事，又挨家挨户做通相关占地村民的工作，一连好几个月，直到得到所有人的理解支持。村里的修路工程启动，肖而乾又带着村里的干部和党员，每天都在工地上挥汗如雨。村民看在眼里，纷纷加入到修路的队伍中。

从 1995 年至今，肖而乾在涣山村度过了 20 年、7 000余个平淡而充实的日子。村里要建桥、搞绿化，他积极出钱、出力。村民家中有困难，他慷慨解囊。据不完全统计，近年来，肖而乾为村里的公益事业和救灾助困累计捐款超过 6 万元。而他自己却始终过着两袖清风的生活，住的房子还是 30 多年前建的。

主要参考文献

姜英. 2017. 美丽乡村：江山的歌与梦 [M]. 北京：团结出版社.

李健. 2017. 生态农业与美丽乡村建设 [M]. 北京：金盾出版社.

吕程，吕茹. 2017. 美丽乡村 [M]. 北京：作家出版社.

彭晓明，袁立峰，袁延恺. 2017. 美丽乡村建设简明读本 [M]. 北京：金盾出版社.

中央农业广播电视学校 .2017. 美丽乡村建设 [M]. 北京：中国农业出版社 .